Einführung:

Willkommen zu einer faszinierenden Reise durch die unendlichen Weiten des
Universums, in dem wir die Geheimnisse der Dunklen Materie enthüllen und die
unsichtbaren Fäden entwirren, die das Gewebe des Kosmos weben. In diesem eBook
tauchen wir ein in eine Welt, die sowohl mystisch als auch wissenschaftlich ist, und
erkunden dabei die Rätselhaftigkeit der Dunklen Materie, einer Substanz, die den
Großteil des Universums ausmachen soll, aber dennoch unserem Blick entgeht.

Unser kosmisches Abenteuer beginnt mit der Erkundung der Notwendigkeit von
Dunkler Materie, einer unsichtbaren Kraft, die Galaxien lenkt und das Schicksal des
Universums beeinflusst. Wir werden uns in die Tiefen der Dunklen Materie begeben,
wo Theorien über ihre Natur und Existenz blühen. Dabei werden wir uns nicht nur mit
den aktuellen Forschungen und Experimenten beschäftigen, sondern auch einen Blick
darauf werfen, wie Dunkle Materie mit der sichtbaren Materie interagiert und dabei
unsichtbare Spuren im Universum hinterlässt.

Durch die Linse fortschrittlicher Teleskope und innovative Experimente werfen wir
einen Blick in die Zukunft und erkunden die vielversprechenden Entwicklungen, die
darauf abzielen, die Geheimnisse der Dunklen Materie zu enthüllen. Unsere Reise
verspricht nicht nur Antworten, sondern auch neue Fragen, die den Horizont unseres
Verständnisses erweitern.

Begleiten Sie uns auf dieser Expedition ins Unbekannte, während wir versuchen, die
unsichtbaren Mysterien des Universums zu entschlüsseln. Das Abenteuer beginnt
jetzt, und die Dunkle Materie wartet darauf, ihr Schweigen zu brechen und ihre
Geschichten zu erzählen. Willkommen zu "Im Dunkeln verborgen – Die Geheimnisse
der Dunklen Materie".

Anmerkung: Dieses Buch bietet einen faszinierenden Einblick in einige der tiefgreifendsten Geheimnisse des Universums. Die vorgestellten Themen sind von Natur aus komplex, und während ich versucht habe, sie verständlich zu präsentieren, wurde nicht jeder Aspekt in der Tiefe erkundet. Vielmehr soll dieses Buch als Anstoß dienen, Ihre Neugier zu wecken und Sie dazu ermutigen, tiefer in die faszinierenden Bereiche der Astrophysik und Kosmologie einzutauchen. Die Welt der Schwarzen Löcher, Zeitreisen, Dunklen Materie und mehr ist voller spannender Entdeckungen, und ich hoffe, dass Sie durch diese Lektüre inspiriert werden, Ihre eigene Reise des Verstehens und der Entdeckung zu beginnen.

Gliederung: "Kosmische Rätsel: Eine Reise durch die Geheimnisse des Universums"

I. Einleitung

- Faszination des Universums
- Überblick über "Kosmische Rätsel" als zentrales Thema

II. Kapitel 1: Im Dunkeln verborgen – Die Geheimnisse der Dunklen Materie

- Die Notwendigkeit von Dunkler Materie
- Aktuelle Forschung und Experimente
- Theorien über die Natur der Dunklen Materie
- Wechselwirkungen mit sichtbarer Materie
- Zukünftige Entwicklungen und Aussichten

III. Kapitel 2: Zeitreisen im Kosmos – Die faszinierende Frage nach der Natur der Zeit

- Einsteins Relativitätstheorie
- Zeitdilatation
- Wurmlöcher und Zeitreisen
- Multiversum-Theorien
- Philosophische Überlegungen zur Zeit

IV. Kapitel 3: Verschmelzung der Giganten – Wenn Galaxien kollidieren

- Grundlagen der Galaxienkollisionen
- Beobachtungen von kollidierenden Galaxien
- Simulationen und Modelle
- Auswirkungen auf Sterne und Planetensysteme
- Die Entstehung von Elliptischen Galaxien

Einleitung:

Willkommen zu "Kosmische Rätsel: Eine Reise durch die Geheimnisse des Universums". In den unermesslichen Weiten des Kosmos verbergen sich faszinierende Mysterien, die die Grenzen unseres Wissens herausfordern und unsere Neugier entfachen. Dieses Buch lädt Sie zu einer Expedition ein, bei der wir uns den Rätseln des Universums nähern, insbesondere den geheimnisvollen Schleiern der Dunklen Materie.

Das Universum, ein nahezu endloses Meisterwerk, hat uns seit jeher in seinen Bann gezogen. Doch selbst im Zeitalter modernster Technologien und bahnbrechender Entdeckungen gibt es Bereiche, die sich unseren Blicken entziehen. Eines dieser faszinierenden Rätsel ist die Dunkle Materie – eine unsichtbare, aber dennoch entscheidende Kraft, die die Struktur und Entwicklung des Universums beeinflusst.

Begleiten Sie uns auf dieser Reise, während wir die unsichtbaren Fäden der Dunklen Materie entwirren und die Geheimnisse kosmischer Phänomene enthüllen. In den folgenden Kapiteln werden wir nicht nur die Notwendigkeit von Dunkler Materie erkunden und aktuelle Forschungen durchleuchten, sondern auch tief in die faszinierenden Themen von Zeitreisen, Galaxienkollisionen, dem Fermi-Paradoxon und Schwarzen Löchern eintauchen. Jedes Kapitel ist ein Schritt in eine unbekannte Welt, eine Erkundung des Unbekannten, bei der wir versuchen, die kosmischen Rätsel zu verstehen, die das Universum formen.

Bereiten Sie sich vor auf eine Reise durch die Tiefen des Raums, in dem die Wissenschaft und die Faszination für das Unbekannte sich vereinen. Das Abenteuer beginnt hier, auf den Seiten von "Kosmische Rätsel", wo wir gemeinsam einen Blick in die Geheimnisse des Universums werfen.

Kapitel 1: Im Dunkeln verborgen – Die Geheimnisse der Dunklen Materie

Thema 1: Die Notwendigkeit von Dunkler Materie

Einleitung:

In den Tiefen des Universums existiert etwas, das unserer direkten Wahrnehmung entgeht, aber dennoch die treibende Kraft hinter der Gestaltung der Galaxien und der kosmischen Strukturen ist. Die Existenz von Dunkler Materie, einer unsichtbaren Substanz, die den Großteil der Materie im Universum ausmachen soll, wirft zahlreiche Fragen auf und fasziniert Wissenschaftler auf der ganzen Welt.

Warum Dunkle Materie?

Unsere Reise in die Welt der Dunklen Materie beginnt mit der Notwendigkeit, eine Lücke zwischen der beobachteten sichtbaren Materie und den beobachteten Gravitationseffekten zu füllen. Astronomen und Physiker haben festgestellt, dass die sichtbare Materie allein nicht ausreicht, um die beobachteten Rotationsbewegungen von Galaxien oder die großräumige Strukturbildung im Universum zu erklären. Hier betritt die Dunkle Materie die Bühne.

Beobachtungen und Indizien:

Vielfältige Beobachtungen, von der Rotation von Galaxien bis zu groß angelegten kosmologischen Simulationen, liefern Indizien für die Existenz von Dunkler Materie. Die Art und Weise, wie Galaxien miteinander interagieren, das Licht von entfernten Quasaren durchqueren und Gravitationslinsen bilden, deutet darauf hin, dass etwas Unbekanntes und Unsichtbares im Spiel ist.

Suche nach Dunkler Materie:

Wissenschaftler weltweit führen Experimente und Beobachtungen durch, um Dunkle Materie direkt oder indirekt nachzuweisen. Von unterirdischen Detektoren bis zu fortschrittlichen Teleskopen im Weltraum sind Forscher bestrebt, das Geheimnis dieser unsichtbaren Materie zu lüften.

Herausforderungen und offene Fragen:

Trotz intensiver Bemühungen bleiben viele Fragen unbeantwortet. Welche Art von Teilchen könnte Dunkle Materie bilden? Wie interagiert sie mit sichtbarer Materie? Diese offenen Fragen treiben die Forschung an und versprechen aufregende Entdeckungen in den Tiefen des Universums.

In den kommenden Abschnitten werden wir tiefer in die aktuellen Erkenntnisse, laufende Forschung und die neuesten Entwicklungen auf dem Gebiet der Dunklen Materie eintauchen, um das Rätsel weiter zu enträtseln.

Kapitel 1: Im Dunkeln verborgen – Die Geheimnisse der Dunklen Materie

Thema 2: Aktuelle Forschung und Experimente

Die unsichtbare Melodie des Universums:

In der symphonischen Partitur des Kosmos gibt es eine Melodie, die wir nicht hören können, aber deren Existenz wir durch die Bewegungen von Galaxien und den Tanz der Sterne erahnen. Die aktuelle Forschung über Dunkle Materie ist wie die Suche nach dem fehlenden Ton in einem musikalischen Meisterwerk – ein Streben nach der unsichtbaren Kraft, die die kosmischen Akteure lenkt.

Unterirdische Detektive:

In den tiefsten Höhlen der Erde sind Detektoren verborgen, die auf einzigartige Weise mit Dunkler Materie interagieren könnten. Forscher haben hochsensible Instrumente entwickelt, um nach den flüchtigen Spuren von Dunklen Materie-Teilchen zu suchen, die möglicherweise unsere Welt durchdringen, ohne mit sichtbarer Materie zu wechselwirken.

Licht durch das Dunkle:

Von den Gipfeln der höchsten Berge bis zu den Weiten des Weltraums sind Teleskope unsere Fenster zu den Sternen. Doch einige Teleskope sind darauf spezialisiert, das Licht von fernen Galaxien zu durchleuchten, um Hinweise auf die unsichtbare Dunkle Materie zu finden. Es ist, als würde man Schatten studieren, um das Wesen des Unsichtbaren zu verstehen.

Galaktische Detektivarbeit:

Galaxien sind die Hauptakteure in diesem kosmischen Drama, und sie hinterlassen Spuren, die auf die Anwesenheit von Dunkler Materie hinweisen. Die Bewegungen von Sternen in den äußeren Bereichen von Galaxien erzählen eine Geschichte von unsichtbaren Massen, die ihre Fäden ziehen. Forscher analysieren diese Tanzmuster, um die Geheimnisse der Dunklen Materie zu entschlüsseln.

Ausblick ins All:

Die Raumfahrt eröffnet neue Perspektiven, und fortschrittliche Weltraumteleskope erlauben uns, einen Blick in die Tiefen des Universums zu werfen. Wie Späher in einem intergalaktischen Spionagefilm suchen diese Teleskope nach den Zeichen und Signalen, die uns mehr über die Natur der Dunklen Materie verraten könnten.

Die Suche nach Dunkler Materie ist ein Abenteuer, bei dem die Grenzen des Wissens immer weiter ausgedehnt werden. In den nächsten Abschnitten werden wir tiefer in die faszinierende Welt der Dunklen Materie-Forschung eintauchen und versuchen, die unsichtbaren Fäden zu entwirren, die das Universum weben.

Kapitel 1: Im Dunkeln verborgen – Die Geheimnisse der Dunklen Materie

Thema 3: Theorien über die Natur der Dunklen Materie

Im Schatten der Theorien:

Wie ein rätselhafter Schatten, der durch das Universum streift, ist Dunkle Materie Gegenstand zahlreicher Theorien und Hypothesen. Forscher versuchen, diese unsichtbare Essenz zu verstehen, und verschiedene Modelle wurden vorgeschlagen, um die Natur der Dunklen Materie zu erklären.

Die WIMPs unter uns:

Eine der prominentesten Theorien postuliert, dass Dunkle Materie aus sogenannten WIMPs besteht – schwach wechselwirkenden massiven Teilchen. Diese geisterhaften Partikel könnten durch die Zeit hindurch huschen, scheinbar unbeeindruckt von der sichtbaren Welt, aber dennoch mit ihr durch die Schwerkraft verbunden.

Akrobatische Axionen:

Eine andere Theorie führt uns zu den Akrobaten des Mikrokosmos – den Axionen. Diese hypothetischen Teilchen könnten das Dunkle-Materie-Puzzle lösen, indem sie durch ihre geringe Masse und einzigartigen Eigenschaften den Raum zwischen den Galaxien füllen.

Exotische Dunkle Materie:

Einige Theorien gehen über bekannte Teilchenphysik hinaus und schlagen exotische Formen von Dunkler Materie vor. Das Spektrum reicht von makroskopischen Objekten, wie Schwarzen Löchern in Miniatur, bis zu seltsamen Teilchen, die noch nicht entdeckt wurden.

Die Dunkle Seite des Universums:

In gewisser Weise könnte Dunkle Materie die dunkle Seite des Universums sein, die nur durch ihre gravitative Wechselwirkung mit der sichtbaren Materie erkennbar ist. Diese Theorien führen uns zu einem tiefen Verständnis der fundamentalen Kräfte und Teilchen, die das Gewebe des Kosmos weben.

Die Welt der Theorien über Dunkle Materie ist so vielfältig wie das Universum selbst. In den kommenden Abschnitten werden wir uns tiefer in die faszinierende Landschaft dieser Theorien begeben und versuchen, das Mysterium der Dunklen Materie zu erhellen.

Kapitel 1: Im Dunkeln verborgen – Die Geheimnisse der Dunklen Materie

Thema 4: Wechselwirkungen mit sichtbarer Materie

Im unsichtbaren Dialog:

Die Dunkle Materie, obwohl für uns unsichtbar, tanzt im unsichtbaren Dialog mit der sichtbaren Materie. Die subtile, aber mächtige Wechselwirkung zwischen diesen beiden Realitäten beeinflusst die Struktur des Universums auf großräumiger Ebene und beeindruckt uns durch ihre versteckten, aber spürbaren Auswirkungen.

Galaktische Wirbel und Dunkle Materie:

Schließen Sie die Augen und visualisieren Sie eine Galaxie. Was Sie sehen, ist nur die Spitze des Eisbergs. Die Sterne, Gaswolken und Planeten sind nur ein Teil des Ganzen. Dunkle Materie webt unsichtbare Bahnen durch die Galaxien, beeinflusst die Rotationsgeschwindigkeiten und trägt dazu bei, die uns bekannten Strukturen zu formen.

Kosmische Brücken:

Durch die Schwerkraft der Dunklen Materie entstehen unsichtbare "Brücken" im Raum – kosmische Filamente, die Galaxien miteinander verbinden. Diese riesigen Netzwerke sind Schlüssel zur großräumigen Struktur des Universums und offenbaren uns, wie Dunkle Materie den leeren Raum zwischen den Galaxien belebt.

Lichtlenkung und Gravitationslinsen:

Die unsichtbare Hand der Dunklen Materie beeinflusst das Licht von entfernten Galaxien auf seine eigene Weise. Durch die Gravitationslinsenwirkung von Dunkler Materie wird das Licht von Hintergrundquellen abgelenkt und verzerrt, ein faszinierendes Phänomen, das uns erlaubt, Dunkle Materie indirekt zu kartieren.

Sichtbare Spuren der Unsichtbaren:

Forschende haben raffinierte Methoden entwickelt, um die Spuren von Dunkler Materie sichtbar zu machen. Von detaillierten Computersimulationen bis zu fortgeschrittenen Beobachtungstechniken lassen uns diese Methoden die unsichtbare Materie durch ihre Wechselwirkung mit der sichtbaren Welt erkennen.

In den kommenden Abschnitten werden wir tiefer in die komplexen Wechselwirkungen zwischen Dunkler Materie und sichtbarer Materie eintauchen. Es ist eine Geschichte von Unsichtbarem, das sichtbare Spuren hinterlässt, und von einer Kraft, die die Kulisse des Universums mitformt.

Kapitel 1: Im Dunkeln verborgen – Die Geheimnisse der Dunklen Materie

Thema 5: Zukünftige Entwicklungen und Aussichten

Das Unbekannte ergründen:

Die Reise durch die Geheimnisse der Dunklen Materie ist noch lange nicht abgeschlossen. Im Schatten des Unbekannten verbirgt sich die Möglichkeit, die rätselhafteste Substanz des Universums zu enthüllen. Betreten Sie mit uns die Pforten der Zukunft und werfen Sie einen Blick auf die vielversprechenden Entwicklungen, die vor uns liegen.

Neue Generationen von Experimenten:

Die Wissenschaft steht vor der Schwelle zu aufregenden neuen Experimenten, die darauf abzielen, Dunkle Materie direkt zu erfassen. Von verbesserten Untergrund-Detektoren bis zu innovativen Weltraummissionen spannen Forscher ihren Bogen weit, um die unsichtbare Materie zu enthüllen.

Teleskope der nächsten Generation:

Mit fortschrittlichen Teleskopen, sowohl auf der Erde als auch im Weltraum, werden wir tiefer in die Geheimnisse der Dunklen Materie eindringen können. Neue

Beobachtungsmethoden und verbesserte Technologien versprechen, uns klarere Einblicke in die Rolle von Dunkler Materie in den Strukturen des Universums zu gewähren.

Experimentelle Bestätigungen und Herausforderungen:

Der Weg zur Bestätigung der Dunklen Materie-Hypothesen ist mit Herausforderungen gespickt. Forschende stehen vor der Aufgabe, nicht nur die Existenz von Dunkler Materie zu bestätigen, sondern auch ihre Natur und Wechselwirkungen mit sichtbarer Materie präzise zu verstehen.

Interdisziplinäre Forschung und Innovation:

Die Enthüllung der Dunklen Materie erfordert einen interdisziplinären Ansatz, bei dem Physiker, Astronomen und Ingenieure zusammenarbeiten. Neue Ideen und innovative Technologien könnten den Schlüssel zum Verständnis dieser unsichtbaren Komponente des Kosmos liefern.

Ausblick in die Unendlichkeit:

Die Entdeckung und Entschlüsselung der Dunklen Materie verspricht nicht nur ein tieferes Verständnis des Universums, sondern wirft auch neue Fragen auf, die die Grenzen unseres Wissens erweitern. Die Zukunft hält ein Universum von Möglichkeiten bereit, und wir sind Zeugen einer aufregenden Zeit des wissenschaftlichen Fortschritts.

Schließen Sie sich uns an, während wir die Dunkle Materie in den kommenden Jahren erforschen und die Pforten zu den unbekannten Weiten des Universums öffnen. Die Reise hat gerade erst begonnen, und die Dunkle Materie wartet darauf, ihre Geheimnisse preiszugeben.

Kapitel 2: Zeitreisen im Kosmos – Die faszinierende Frage nach der Natur der Zeit

Thema 1: Einsteins Relativitätstheorie

Die Verwebung von Raum und Zeit:

Albert Einsteins bahnbrechende Relativitätstheorie revolutionierte unser Verständnis von Raum und Zeit. In diesem Kapitel tauchen wir ein in die Grundlagen dieser Theorie, die die Struktur des Universums in einem faszinierenden neuen Licht zeigt. Zeit, einst als konstant und unveränderlich betrachtet, wird zu einem verwobenen Gewebe, das sich mit der Anwesenheit von Massen und der Krümmung des Raumes verändert.

Raumzeit und Gravitation:

Ein zentrales Element von Einsteins Theorie ist die Idee der Raumzeit – die Vereinigung von Raum und Zeit zu einem einzigen Kontinuum. Wir werden die Zusammenhänge zwischen Gravitation und der Krümmung von Raumzeit erforschen, um zu verstehen, wie Massen die Struktur des Gewebes beeinflussen und somit die Zeit beeinflussen können.

1. **Masse und Energie krümmen die Raumzeit:** Nach Einsteins Theorie ist die Anwesenheit von Masse und Energie die Ursache für die Krümmung der Raumzeit. Jeder Körper mit Masse oder Energie verursacht eine Verformung der Raumzeit um sich herum.

2. **Die Gravitation als Krümmung der Raumzeit:** In der Allgemeinen Relativitätstheorie wird Gravitation nicht als eine mysteriöse Fernwirkung zwischen Massen betrachtet, sondern als die Krümmung der Raumzeit selbst. Objekte bewegen sich entlang gekrümmter Pfaden, die durch die Krümmung der Raumzeit um Massen verursacht werden.

3. **Die Metapher des Gummilakens:** Eine verbreitete Metapher, um das Konzept zu veranschaulichen, ist die Vorstellung einer Gummimembran, die eine Masse repräsentiert. Wenn Sie eine schwere Kugel auf die Membran legen, verformt sie sich um die Kugel herum. Andere kleinere Objekte, die auf die Membran gelegt werden, werden aufgrund dieser Verformung in Richtung der schweren Kugel gezogen.

4. **Bewegung in gekrümmter Raumzeit:** Massen und Energien bestimmen die Geometrie der Raumzeit, und die Bewegung von Objekten folgt den gekrümmten Pfaden dieser Geometrie. Dies erklärt, warum Planeten in elliptischen Bahnen um Sterne kreisen und Lichtstrahlen in einem Gravitationsfeld abgelenkt werden.

5. **Gravitationslinsen:** Ein bemerkenswertes Phänomen, das aus der Krümmung der Raumzeit resultiert, ist die Gravitationslinse. Schwere Objekte wie Galaxien können das Licht von dahinter liegenden Objekten ablenken, was zu verzerrten oder multiplen Bildern des Hintergrundobjekts führt.

6. **Raumzeit als dynamische Struktur:** Die Krümmung der Raumzeit ist nicht statisch, sondern dynamisch. Änderungen in der Verteilung von Masse und Energie führen zu Veränderungen in der Raumzeitgeometrie. Dies ermöglicht es, die Dynamik von kosmischen Phänomenen wie der Ausdehnung des Universums zu erklären.

Ein einfaches Beispiel, das die Zusammenhänge zwischen Gravitation und der Krümmung der Raumzeit verdeutlicht, ist das Bild eines Planeten, der die Sonne umkreist.

1. **Die Sonne als Massequelle:** Stellen Sie sich die Sonne als schwere Kugel in einem elastischen Gummilaken vor, das die Raumzeit repräsentiert.

2. **Die Verformung der Raumzeit:** Die Masse der Sonne krümmt die Raumzeit um sie herum, ähnlich wie die schwere Kugel die Gummimembran verformt. Die Raumzeit ist jetzt nicht mehr flach, sondern gekrümmt.

3. **Der Planet auf gekrümmter Bahn:** Wenn Sie nun einen Planeten (zum Beispiel die Erde) in die Nähe der Sonne setzen, bewegt er sich entlang einer gekrümmten Bahn in der gekrümmten Raumzeit. Die Krümmung der Raumzeit beeinflusst die Bewegung des Planeten.

4. **Anziehung ohne sichtbare Verbindung:** Die Anziehungskraft, die den Planeten in der Umlaufbahn hält, ist nicht das Ergebnis einer unsichtbaren Kraft, sondern das Ergebnis der gekrümmten Raumzeit. Der Planet folgt einfach der gekrümmten Geometrie der Raumzeit um die Sonne.
5. **Veranschaulichung durch Lichtablenkung:** Ein weiteres Beispiel wäre die Ablenkung von Lichtstrahlen, die von der Sonne ausgehen. Licht, das in die Nähe der Sonne gelangt, folgt ebenfalls den gekrümmten Pfaden der Raumzeit. Dies führt dazu, dass Sterne in der Nähe der Sonne am Himmel scheinbar verschoben erscheinen, ein Phänomen, das als Gravitationslinseneffekt bekannt ist.

Dieses einfache Beispiel verdeutlicht, wie die Anwesenheit von Masse (in diesem Fall die Sonne) die Raumzeit um sie herum krümmt und wie andere Objekte (wie der Planet oder Lichtstrahlen) aufgrund dieser Krümmung beeinflusst werden. Es illustriert das grundlegende Konzept der Allgemeinen Relativitätstheorie, dass Gravitation eine Manifestation der Krümmung der Raumzeit ist

Zeitdilatation – Das Paradoxon der Zeit:

Einstein prophezeite ein Phänomen namens Zeitdilatation, bei dem die Zeit für Beobachter unterschiedlich schnell vergeht, abhängig von ihrer Geschwindigkeit oder der Gravitationskraft, der sie ausgesetzt sind. Wir werden uns dem Paradox der Zeit annähern, in dem Zeit relativ wird und die Grenzen zwischen Gegenwart, Vergangenheit und Zukunft verschwimmen.

Experimentelle Bestätigungen:

Die Relativitätstheorie hat sich durch zahlreiche Experimente und Beobachtungen als erstaunlich genau erwiesen. Wir werden einige dieser Experimente beleuchten, von präzisen Uhren in Flugzeugen bis zu den beeindruckenden Ergebnissen des GPS-Systems, die Einsteins Vorhersagen bestätigen.

Einleitung: Ein bedeutendes Experiment in den 1970er Jahren diente dazu, die Auswirkungen der Zeitdilatation aufgrund hoher Geschwindigkeiten zu überprüfen. Präzise Uhren wurden in Flugzeugen platziert und mit synchronisierten Uhren am Boden verglichen, um Einsteins relativistische Vorhersagen zu bestätigen.

Experimenteller Hintergrund: Gemäß der Speziellen Relativitätstheorie verläuft Zeit für bewegte Objekte langsamer im Vergleich zu ruhenden Bezugssystemen. Dieses

Phänomen wird als Zeitdilatation bezeichnet, und es tritt auf, wenn sich Objekte mit signifikanten Geschwindigkeiten bewegen.

Experimenteller Ablauf:

1. **Platzierung von präzisen Uhren in Flugzeugen:** In den 1970er Jahren wurden hochgenaue Atomuhren in Passagierflugzeugen platziert. Diese Uhren wurden so synchronisiert, dass sie zu Beginn des Experiments die gleiche Zeit wie präzise Uhren am Boden hatten.
2. **Flug mit hoher Geschwindigkeit:** Die Flugzeuge wurden auf hohe Geschwindigkeiten beschleunigt und flogen für eine bestimmte Zeit auf konstanter Geschwindigkeit. Während dieses Fluges waren die Uhren in den Flugzeugen den relativistischen Effekten ausgesetzt.
3. **Vergleich mit synchronisierten Uhren am Boden:** Nach dem Flug wurden die Uhren in den Flugzeugen mit den synchronisierten Uhren am Boden verglichen. Wenn die relativistischen Vorhersagen korrekt waren, sollten die Uhren in den Flugzeugen aufgrund der Zeitdilatation geringfügig langsamer laufen als die am Boden.

Ergebnisse und Bestätigung: Die Experimente bestätigten die relativistischen Vorhersagen von Einsteins Spezieller Relativitätstheorie. Die Uhren in den Flugzeugen waren tatsächlich minimal langsamer als die synchronisierten Uhren am Boden, was auf die Zeitdilatation aufgrund der höheren Fluggeschwindigkeit zurückzuführen war. Diese Ergebnisse stärkten das Vertrauen in die Gültigkeit der Relativitätstheorie und demonstrierten die praktische Anwendbarkeit ihrer Konzepte im realen Kontext

Experiment: Das Global Positioning System (GPS) berücksichtigt die relativistischen Effekte auf die Zeit. Die Satelliten in den GPS-Systemen bewegen sich mit hoher Geschwindigkeit und sind von starker Gravitation betroffen. Ohne die Korrektur der Zeitdilatation und Gravitationszeitdehnung würde die Genauigkeit des GPS drastisch abnehmen.

Experiment: Während einer totalen Sonnenfinsternis wurden die Positionen von Sternen in der Nähe der Sonne genau gemessen. Die Ablenkung des Sternenlichts durch die Schwerkraft der Sonne wurde bestätigt und stimmte mit den Vorhersagen der Allgemeinen Relativitätstheorie überein.

Philosophische Dimensionen:

Die Auswirkungen von Einsteins Theorie erstrecken sich über die Grenzen der Physik hinaus und berühren die Philosophie. Wie beeinflusst die Relativitätstheorie unser Verständnis von Zeit, Realität und der Natur des Universums? Wir werden uns diesen philosophischen Dimensionen nähern und die tiefgehenden Fragen, die sie aufwerfen, erkunden.

1. Zeit als relative Größe: Ein fundamentales Konzept der Speziellen Relativitätstheorie ist die Relativität der Zeit. Zeit wird nicht mehr als absolut betrachtet, sondern ihre Wahrnehmung hängt von der Relativgeschwindigkeit der Beobachter ab. Dies wirft die Frage auf, ob es eine objektive und absolute Zeit gibt oder ob Zeit lediglich eine subjektive Erfahrung ist, die von der individuellen Bewegung abhängt.

2. Realität und Raumzeit: Die Relativitätstheorie vereint Raum und Zeit zu einer vierdimensionalen Raumzeit. Dieses Konzept wirft die Frage auf, ob Raum und Zeit getrennte, unabhängige Entitäten sind oder ob sie untrennbar miteinander verbunden sind. Die Idee, dass Raum und Zeit zusammen das Gewebe der Realität bilden, stellt eine tiefgreifende Veränderung unseres Weltbilds dar.

3. Natur der Realität: Die Relativitätstheorie hat Auswirkungen auf unsere Vorstellung von Realität selbst. Die Unterscheidung zwischen Raum und Zeit wird relativ, und dies führt zu philosophischen Überlegungen darüber, wie wir die Wirklichkeit verstehen. Die Frage nach der Natur der Realität und ihrer Objektivität wird zu einem zentralen Anliegen.

4. Relativität und Individualität: Wenn Raum und Zeit relativ sind, hat dies Konsequenzen für die individuelle Wahrnehmung der Welt. Die Idee, dass jeder Beobachter eine einzigartige Sicht auf Raum und Zeit hat, wirft Fragen nach der Individualität der Realität auf. Wie nehmen verschiedene Beobachter die Welt wahr, und welche Rolle spielt die individuelle Perspektive in der Konstruktion der Realität?

5. Kosmologische Implikationen: Die Allgemeine Relativitätstheorie hat tiefgreifende Konsequenzen für die Struktur des Universums. Die Vorstellung von Raumzeitkrümmung und kosmologischen Ereignissen führt zu philosophischen Fragen nach dem Ursprung, der Natur und dem Schicksal des gesamten Universums.

Im weiteren Verlauf dieses Kapitels werden wir tiefer in die faszinierende Welt der Zeitreisen im Kosmos eintauchen, wobei Einsteins Relativitätstheorie als Sprungbrett für unsere Entdeckungen dient.

Kapitel 2: Zeitreisen im Kosmos – Die faszinierende Frage nach der Natur der Zeit

Thema 2: Zeitdilatation und ihre Konsequenzen

Die Dehnung der Zeit:

Ein faszinierendes Phänomen, das aus Einsteins Relativitätstheorie hervorgeht, ist die Zeitdilatation – die Dehnung der Zeit in Abhängigkeit von Geschwindigkeit und Gravitationsfeldern. In diesem Abschnitt werden wir tiefer in die Konzepte der Zeitdilatation eintauchen und die Konsequenzen dieses Phänomens auf die menschliche Wahrnehmung von Zeit und Raum erkunden.

Hochgeschwindigkeitsreisen in die Zukunft:

Eine der erstaunlichsten Vorhersagen der Zeitdilatation ist die Möglichkeit von Reisen in die Zukunft. Mit zunehmender Geschwindigkeit vergeht die Zeit langsamer, und Astronauten, die sich mit annähernder Lichtgeschwindigkeit bewegen, könnten zu einem irdischen Punkt zurückkehren, der weniger Zeit erlebt hat. Wir werfen einen Blick auf diese faszinierende Idee und die damit verbundenen Herausforderungen und Möglichkeiten.

Die Realisierung von Hochgeschwindigkeitszeitreisen ist mit erheblichen technologischen Herausforderungen verbunden. Die benötigte Energie, um Raumfahrzeuge auf annähernde Lichtgeschwindigkeit zu beschleunigen, stellt eine technische Barriere dar. Fortschritte in der Raumfahrttechnologie und Energiesystemen wären erforderlich, um diese Hürde zu überwinden.

Mit zunehmender Geschwindigkeit treten relativistische Effekte auf, die berücksichtigt werden müssen. Die Zeitdilatation beeinflusst nicht nur die Raumfahrzeuge, sondern auch die darin befindlichen Raumfahrer. Die Auswirkungen auf biologische Systeme und technologische Instrumente müssen eingehend untersucht werden.

Obwohl die Umsetzung noch in weiter Ferne liegt, könnten Hochgeschwindigkeitszeitreisen potenzielle Anwendungen haben. Von der Raumfahrt bis zu fortgeschrittenen Experimenten im Verständnis der Zeit könnten die Erkenntnisse aus diesem Bereich weitreichende Auswirkungen haben.

Gravitationszeitdilatation:

Neben der Zeitdehnung durch Geschwindigkeit erfahren wir auch eine Zeitdehnung in stärkeren Gravitationsfeldern. Dies wird als Gravitationszeitdilatation bezeichnet. Wir werden die Auswirkungen der Gravitation auf die Zeit untersuchen und wie beispielsweise Uhren auf der Erde im Vergleich zu Uhren im Weltraum ticken.

1. Gravitationszeitdilatation verstehen: Die Allgemeine Relativitätstheorie besagt, dass die Zeit in stärkeren Gravitationsfeldern langsamer vergeht. Dies wird als Gravitationszeitdilatation bezeichnet. Je stärker das Gravitationsfeld ist, desto mehr wird die Zeit im Vergleich zu einem schwächeren Gravitationsfeld "gedehnt".

2. Uhrenvergleich im Gravitationsfeld: Um die Gravitationszeitdilatation zu verstehen, betrachten wir einen Vergleich zwischen Uhren auf der Erde und Uhren im Weltraum. Uhren in der Nähe eines massereichen Objekts, wie zum Beispiel der Erde, ticken aufgrund des stärkeren Gravitationsfelds langsamer im Vergleich zu Uhren, die weiter entfernt im Weltraum positioniert sind.

3. Experimente und Beobachtungen: Verschiedene Experimente und Beobachtungen haben die Gravitationszeitdilatation bestätigt. Satelliten im Orbit um die Erde müssen beispielsweise relativistische Effekte berücksichtigen, um genaue Zeitmessungen zu gewährleisten. Solche Beobachtungen verdeutlichen die praktischen Auswirkungen der Gravitationszeitdilatation.

4. Gravitationsfelder im Universum: Nicht nur Planeten beeinflussen die Zeit durch ihre Gravitationsfelder. Auch massereiche Objekte wie Sterne und Schwarze Löcher erzeugen starke Gravitationsfelder. Dies führt zu unterschiedlichen Zeitverläufen in verschiedenen Regionen des Universums.

5. Konzeptionelle Herausforderungen: Die Gravitationszeitdilatation führt zu konzeptionellen Herausforderungen hinsichtlich unserer klassischen Vorstellung von einer "universellen" Zeit. Dieses Phänomen verdeutlicht, dass die Zeit keine absolute Größe ist, sondern von den lokalen Gravitationsbedingungen abhängt.

Zeitreisen und Paradoxa:

Die Idee der Zeitreisen, ob in die Zukunft oder Vergangenheit, wirft faszinierende Fragen auf und bringt scheinbare Paradoxa mit sich.

1. Das Zwillingsparadoxon: Das Zwillingsparadoxon ist eines der bekanntesten Beispiele für zeitliche Verzerrungen. Es beschreibt die Situation, in der ein Zwilling eine Reise im Weltraum unternimmt, während der andere auf der Erde bleibt. Bei der

Rückkehr stellt sich heraus, dass der reisende Zwilling weniger gealtert ist als sein auf der Erde gebliebener Zwilling. Dies verdeutlicht die Auswirkungen der Zeitdilatation aufgrund von Geschwindigkeit.

2. Großvaterparadoxon und Kausalität: Das Großvaterparadoxon ist ein klassisches Paradoxon, das sich aus Zeitreisen in die Vergangenheit ergibt. Es stellt die Frage, was passieren würde, wenn jemand in die Vergangenheit reist und dort Handlungen vornimmt, die die eigene Existenz beeinflussen könnten. Dies wirft Fragen zur Kausalität und den Grundlagen der Realität auf.

3. Reisen zu historischen Ereignissen: Die Vorstellung, zu historischen Ereignissen zu reisen, ist ein häufiges Thema in der Science-Fiction. Wir werden uns mit den theoretischen Aspekten und möglichen Konsequenzen solcher Reisen befassen, insbesondere im Hinblick auf die Veränderung von Vergangenheitsereignissen.

Praktische Anwendungen und Experimente:

Die Erkenntnisse aus der Zeitdilatation haben nicht nur theoretische Bedeutung, sondern finden auch in der Praxis Anwendung. Wir werden uns einige innovative Experimente und Technologien ansehen, bei denen die Effekte der Zeitdilatation berücksichtigt werden müssen, um präzise Ergebnisse zu erzielen.

1. GPS-Technologie: Eines der beeindruckendsten Beispiele für die Berücksichtigung der Zeitdilatation ist die GPS-Technologie. Satelliten im Orbit bewegen sich mit hoher Geschwindigkeit und sind stärkerer Gravitation ausgesetzt. Die Zeitdilatation muss bei den Signalen der GPS-Satelliten berücksichtigt werden, um genaue Positionsbestimmungen auf der Erde zu ermöglichen.

2. Höhenfluguhren in der Luftfahrt: In der Luftfahrt, insbesondere bei Langstreckenflügen, sind präzise Zeitmessungen entscheidend. Da Flugzeuge mit erheblichen Geschwindigkeiten fliegen und sich in unterschiedlichen Gravitationsfeldern bewegen, beeinflusst die Zeitdilatation die Borduhren. Uhren in Flugzeugen müssen daher korrigiert werden, um exakte Zeitmessungen zu gewährleisten.

3. Teilchenbeschleuniger in der Physik: In der Teilchenphysik werden Teilchenbeschleuniger verwendet, um Subatomare Teilchen auf hohe Geschwindigkeiten zu bringen. Die Geschwindigkeiten, die in diesen Experimenten erreicht werden, sind so hoch, dass relativistische Effekte, einschließlich der Zeitdilatation, berücksichtigt werden müssen, um genaue Messungen durchzuführen.

4. Hochpräzise Atomuhren: Atomuhren, die auf den Prinzipien der Quantenmechanik basieren, sind extrem präzise. Sie werden in verschiedenen wissenschaftlichen Experimenten eingesetzt, in denen genaue Zeitmessungen erforderlich sind. Die Effekte der Zeitdilatation müssen in solchen Uhren berücksichtigt werden, um die höchstmögliche Genauigkeit zu gewährleisten.

5. Experimente im Weltraum: Raumfahrtmissionen, insbesondere solche, die sich in der Nähe massereicher Objekte wie Planeten oder Monden aufhalten, sehen sich den Auswirkungen der Gravitationszeitdilatation ausgesetzt. Experimente an Bord von Raumsonden müssen die relativistischen Effekte berücksichtigen, um zuverlässige Daten zu liefern.

Dieser Abschnitt eröffnet einen faszinierenden Blick auf die relativistische Natur der Zeit und wie sie sich unter verschiedenen Bedingungen verändert. Im nächsten Thema werden wir uns mit den theoretischen Konzepten von Wurmlöchern und Zeitreisen auseinandersetzen.

Kapitel 2: Zeitreisen im Kosmos – Die faszinierende Frage nach der Natur der Zeit

Thema 3: Wurmlöcher und Zeitreisen

Die Verknüpfung von Raum und Zeit:

In unserer faszinierenden Reise durch die Welt der Zeitreisen richten wir unseren Blick auf die hypothetischen Strukturen des Universums, die als Wurmlöcher bekannt sind. Diese rätselhaften Verbindungen im Raum-Zeit-Gefüge könnten nicht nur kosmische Abkürzungen darstellen, sondern auch die Tür zu möglichen Zeitreisen öffnen. Wir werden uns den theoretischen Grundlagen von Wurmlöchern nähern und ihre Rolle in der Frage nach der Natur der Zeit erkunden.

Wurmlöcher in der Raum-Zeit:

Die Vorstellung von Wurmlöchern reißt buchstäblich Löcher in den Stoff der Raum-Zeit. Wir werden uns vorstellen, wie diese hypothetischen Tunnel die Entfernungen im Universum überwinden könnten, indem sie eine direkte Verbindung zwischen zwei Punkten im Raum herstellen. Ihre Struktur und mögliche Stabilität werfen jedoch auch Fragen auf, die wir in diesem Abschnitt näher betrachten werden.

Konzept und Funktionsweise: Wurmlöcher werden oft als Tunnel oder Verbindungen durch die Raum-Zeit visualisiert. Die Idee ist, dass sie es ermöglichen könnten, von einem Punkt im Raum zu einem anderen zu reisen, ohne die übliche dreidimensionale Entfernung dazwischen zu durchqueren. Ihre Funktionsweise basiert auf den Gleichungen der allgemeinen Relativitätstheorie.

Einstein-Rosen-Brücken: Die bekannteste Art von Wurmlöchern, die in den Gleichungen der allgemeinen Relativitätstheorie vorgeschlagen wurden, sind die sogenannten Einstein-Rosen-Brücken. Diese theoretischen Strukturen würden es erlauben, durch einen Tunnel von einem Punkt im Raum zu einem anderen zu gelangen

In der Vorstellung sind Einstein-Rosen-Brücken wie Tunnel, die durch die Raum-Zeit führen. Sie könnten es ermöglichen, von einem Ort im Universum zu einem anderen zu gelangen, ohne die normalen dreidimensionalen Entfernungen dazwischen zu durchqueren. Diese Verbindung von Raum und Zeit macht sie zu faszinierenden Konstrukten.

Die theoretische Möglichkeit der Reise durch Einstein-Rosen-Brücken hat die Vorstellung von schnellen Raumwegverbindungen beflügelt. Ein hypothetischer Raumfahrer könnte von einem Ende der Brücke zum anderen gelangen, und theoretisch sogar durch die Zeit reisen. Dieses Konzept fasziniert nicht nur Wissenschaftler, sondern auch die Science-Fiction.

Stabilität und Exotische Materie: Die Stabilität von Wurmlöchern ist ein bedeutendes Thema. Nach den Gleichungen der Relativitätstheorie benötigen Wurmlöcher exotische Materie mit negativer Energie, um offen zu bleiben. Die Existenz solcher Materie ist bisher jedoch rein hypothetisch und wirft Fragen nach ihrer Machbarkeit auf.

Astrophysikalische Wurmlöcher: In der Astrophysik werden manchmal spekulative Überlegungen angestellt, ob es in den Tiefen des Universums natürliche Wurmlöcher geben könnte. Diese Idee wird jedoch von vielen Physikern als unwahrscheinlich betrachtet, und bisher gibt es keine direkten Beweise für ihre Existenz.

Zeitreisen durch Wurmlöcher:

Während Wurmlöcher in erster Linie als Abkürzungen durch den Raum betrachtet werden, eröffnen sie auch die aufregende Möglichkeit von Zeitreisen. Theoretisch könnten Wurmlöcher nicht nur verschiedene Orte, sondern auch verschiedene Zeiten verbinden. Wir werden uns mit den Konzepten von "zeitartigen" Pfaden und den theoretischen Möglichkeiten von Zeitreisen durch Wurmlöcher auseinandersetzen.

Raum und Zeit als ein Kontinuum: Die Relativitätstheorie hat Raum und Zeit zu einem einzigen Kontinuum, der Raum-Zeit, verschmolzen. Dies ermöglicht die Vorstellung von "zeitartigen" Pfaden, auf denen sowohl Raum als auch Zeit beeinflusst werden können. Wurmlöcher bieten theoretisch eine Möglichkeit, entlang solcher Pfade zu reisen.

Zeitreisen als "zeitartige" Bewegungen: In einem Wurmtunnel könnte die Verbindung zwischen zwei Enden nicht nur verschiedene Orte, sondern auch verschiedene Zeitpunkte repräsentieren. Dies wird als "zeitartige" Bewegung bezeichnet, bei der ein Reisender durch den Wurmtunnel nicht nur räumlich, sondern auch zeitlich versetzt wird.

Physikalische Überlegungen: Die Idee von Zeitreisen durch Wurmlöcher wirft verschiedene physikalische Überlegungen auf. Fragen nach Kausalität, Paradoxa und die Auswirkungen auf die Realität werden intensiv erforscht. Einige theoretische Modelle erlauben Zeitreisen, während andere aufgrund von Widersprüchen und Paradoxa eingeschränkt sind.

Zusammenfassung: Die theoretische Möglichkeit von Zeitreisen durch Wurmlöcher ist eine faszinierende Erweiterung der Konzepte von Raum und Zeit. Während diese Idee zahlreiche physikalische, philosophische und theoretische Herausforderungen birgt, bleibt sie ein fesselndes Thema, das die Grenzen unserer Vorstellungskraft und unseres Verständnisses des Universums herausfordert.

Die Suche nach Beweisen:

Obwohl bisher keine direkten Beweise für die Existenz von Wurmlöchern vorliegen, werden wir uns mit den Anstrengungen der Wissenschaftler befassen, die nach indirekten Hinweisen auf diese exotischen Strukturen suchen. Von astrophysikalischen Phänomenen bis zu theoretischen Modellen werden wir die Spuren von Wurmlöchern im Universum erkunden.

1. Astrophysikalische Phänomene: Einige astrophysikalische Phänomene könnten auf die Anwesenheit von Wurmlöchern hinweisen. Beispielsweise könnten anomale Gravitationswellen oder unerklärliche Bewegungen von Himmelskörpern indirekte Spuren von Wurmlöchern sein. Forscher analysieren aufmerksam die Daten aus Teleskopen und Observatorien auf der Suche nach solchen Hinweisen.

2. Gravitationslinsen und Verzerrungen: Wurmlöcher könnten das Licht von Hintergrundobjekten verzerren und Gravitationslinsen erzeugen. Die Suche nach ungewöhnlichen Verzerrungen im Licht von entfernten Galaxien oder Quasaren könnte auf die Anwesenheit von Wurmlöchern hindeuten. Fortschritte in der Beobachtungstechnologie ermöglichen genauere Analysen solcher Phänomene.

3. Raumsonden und Weltraummissionen: Raumsonden und Weltraummissionen bieten die Möglichkeit, das Sonnensystem und darüber hinaus genau zu erkunden. Durch präzise Messungen von Gravitationsfeldern und Bewegungen könnten Raumsonden indirekte Hinweise auf mögliche Wurmlöcher entdecken. Zukünftige Missionen könnten dieses Potenzial weiter ausschöpfen.

4. Simulationen und Modelle: Die Entwicklung von fortschrittlichen Simulationen und Modellen ermöglicht es Wissenschaftlern, die Auswirkungen von Wurmlöchern auf das Universum zu untersuchen. Diese virtuellen Experimente helfen dabei, Vorhersagen zu treffen und potenzielle Beweise für ihre Existenz zu identifizieren.

Dieser Abschnitt öffnet das Tor zu den spekulativen Welten von Wurmlöchern und Zeitreisen, wobei wir die Grenzen der Raum-Zeit erforschen und uns den Herausforderungen stellen, die mit diesen faszinierenden Konzepten verbunden sind.

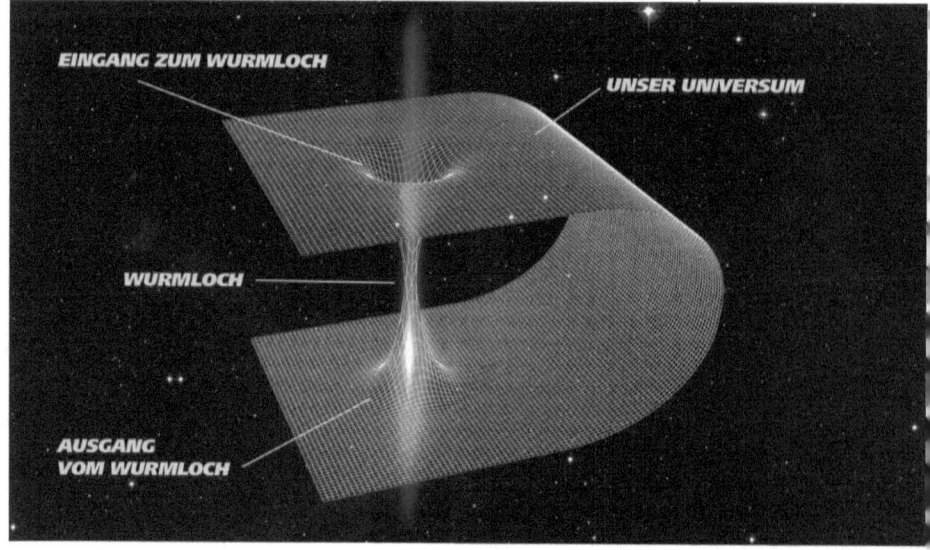

Kapitel 2: Zeitreisen im Kosmos – Die faszinierende Frage nach der Natur der Zeit

Thema 4: Multiversum-Theorien

Die Vielschichtigkeit des Universums:

In unserer Reise durch die Geheimnisse der Zeit werfen wir nun einen Blick auf die faszinierende Idee des Multiversums. Die Vorstellung, dass unser Universum nicht allein existiert, sondern Teil eines komplexen Geflechts von parallel existierenden Universen ist, öffnet die Tür zu unendlichen Möglichkeiten. In diesem Abschnitt werden wir uns mit den Grundlagen der Multiversum-Theorien beschäftigen und die Konsequenzen für die Frage nach der Natur der Zeit erforschen.

1. Sich ständig teilende Universen: Ein Ansatz des Multiversums postuliert, dass sich Universen ständig teilen. Bei jedem solchen Ereignis entstehen neue Universen, die jeweils ihre eigenen physikalischen Eigenschaften und Realitäten haben. Diese fortlaufende Teilung erzeugt eine unendliche Anzahl von Universen.

2. Membran- oder Bubble-Universen: Membran- oder Bubble-Universen sind Teil von Theorien, die multiple Dimensionen und zusammengerollte Raumstrukturen umfassen. Die Idee ist, dass unsere Realität durch Membranen oder Blasen repräsentiert wird, die nebeneinander existieren. Jede Membran könnte ein eigenes Universum darstellen.

3. Quantenmechanische Parallelwelten: Die Quantenmechanik liefert eine weitere Grundlage für das Multiversum. Gemäß bestimmten Interpretationen der Quantenphysik könnte jedes mögliche Ergebnis eines Ereignisses in einem eigenen Universum existieren. Dies führt zu einer Vielzahl von Parallelwelten, die unterschiedliche Realitäten repräsentieren.

4. Vielfalt der Theorien: Es existieren zahlreiche weitere Theorien innerhalb des Multiversum-Konzepts. Einige postulieren zyklische Universen, die sich wiederholt entwickeln und kollidieren. Andere beschreiben ein holographisches Multiversum, bei dem die Informationen über alle Realitäten an den Grenzen des Raumes gespeichert sind.

5. Entstehung und Entwicklung: Die Entstehung des Multiversum-Gedankens kann auf verschiedene wissenschaftliche Erkenntnisse und theoretische Überlegungen zurückgeführt werden. Vom Verständnis der Quantenmechanik bis zu Fortschritten in der Kosmologie haben verschiedene Disziplinen zur Entwicklung dieser faszinierenden Theorien beigetragen.

Die ewige Inflation:

Eine der populären Theorien im Kontext des Multiversums ist die Idee der "ewigen Inflation". Diese Theorie besagt, dass das Universum in verschiedenen Regionen zu unterschiedlichen Zeiten expandiert, was zu einem unendlichen Mosaik von Universen führt. Wir werden uns mit den Konsequenzen dieser Theorie für die Struktur der Zeit in einem solchen Multiversum befassen.

1. Dynamik der ewigen Inflation: Die ewige Inflation geht von einer unendlichen Ausdehnung des Universums aus, wobei in bestimmten Regionen die Inflation weitergeht, während sie in anderen endet. Dies führt zu einem ständigen Entstehen neuer Universen in einem sich immer ausdehnenden Raum.

2. Unendliche Variationen von Universen: Durch die ewige Inflation entsteht eine endlose Anzahl von Universen mit unterschiedlichen physikalischen Eigenschaften und Gesetzen. Diese Variationen können sich auf die Struktur der Zeit in jedem Universum auswirken, da unterschiedliche Expansionsraten und Energieniveaus vorherrschen.

3. Zeit als Mosaik von Ereignissen: In einem Multiversum, das durch ewige Inflation geprägt ist, wird Zeit zu einem komplexen Mosaik von Ereignissen. Jedes Universum hat seine eigene Geschichte, Entwicklung und Zeitskala. Die Zeit wird nicht mehr als universell konstant wahrgenommen, sondern als sich ständig verändernder Faktor.

4. Kollisionen von Blasenuniversen: Innerhalb der ewigen Inflation können Blasenuniversen kollidieren, was zu weiteren Veränderungen in der Struktur der Zeit führt. Diese Kollisionen könnten lokale Anomalien erzeugen, die Auswirkungen auf den Zeitverlauf in den betroffenen Regionen haben.

5. Herausforderungen und Erklärungen: Die Theorie der ewigen Inflation wirft Herausforderungen und Fragen auf, insbesondere im Hinblick auf die Messbarkeit und Testbarkeit

Philosophische Reflexionen:

Die Idee des Multiversums berührt nicht nur die Grenzen der Physik, sondern wirft auch philosophische Fragen auf. Wie beeinflusst die Existenz von unzähligen Universen unsere Vorstellung von Zeit, Schicksal und Möglichkeit? Dieser Abschnitt entführt uns in die komplexe Welt des Multiversums und zeigt, wie die Vorstellung von parallel existierenden Universen unsere Perspektive auf die Zeit erweitert und neue Horizonte für die Entfaltung kosmischer Rätsel eröffnet.

Kapitel 2: Zeitreisen im Kosmos – Die faszinierende Frage nach der Natur der Zeit

Thema 5: Philosophische Überlegungen zur Zeit

Die Zeit als Konzept:

In diesem abschließenden Thema unseres Kapitels über Zeitreisen im Kosmos werden wir uns von den wissenschaftlichen Theorien lösen und uns den philosophischen Dimensionen der Zeit zuwenden. Zeit ist nicht nur eine physikalische Größe, sondern auch ein tiefgreifendes Konzept, das unsere Wahrnehmung von Realität und Existenz prägt. Wir werden uns mit verschiedenen philosophischen Überlegungen zur Natur der Zeit auseinandersetzen.

Die Kontinuität der Zeit:

Eine grundlegende Frage, die Philosophen seit Jahrhunderten beschäftigt, betrifft die Kontinuität der Zeit. Ist die Zeit stetig und fließt sie gleichmäßig, oder besteht sie aus diskreten Momenten? Wir werden uns mit verschiedenen philosophischen Ansätzen zur Kontinuität der Zeit befassen und ihre Auswirkungen auf unser Verständnis von Vergangenheit, Gegenwart und Zukunft untersuchen.

1. Kontinuität vs. Diskontinuität: Die Debatte um die Kontinuität der Zeit dreht sich um die Frage, ob die Zeit eine kontinuierliche Linie ist, die ohne Unterbrechung fließt, oder ob sie aus diskreten, abgegrenzten Momenten besteht. Diese grundlegende Dichotomie prägt unterschiedliche philosophische Positionen.

2. Kontinuierliche Zeit: Anhänger der kontinuierlichen Zeit sehen die Zeit als stetigen Fluss, der keine Sprünge oder Unterbrechungen aufweist. Diese Sichtweise spiegelt sich in der Vorstellung einer ununterbrochenen Zeitlinie wider, auf der sich Ereignisse in einem durchgehenden Strom abspielen.

3. Diskrete Zeit: Auf der anderen Seite argumentieren Befürworter der diskreten Zeit, dass die Zeit aus einzelnen, diskreten Momenten besteht. Diese könnten vergleichbar sein mit den Einzelbildern eines Films, die zu einer scheinbaren Kontinuität verschmelzen, obwohl sie einzeln existieren.

Die Illusion der Zeit:

Einige Philosophen argumentieren, dass die Zeit möglicherweise eine Illusion ist – ein Konstrukt unseres Geistes, das nicht notwendigerweise eine objektive Realität widerspiegelt. Wir werden uns mit dieser Idee auseinandersetzen und überlegen, wie unsere Wahrnehmung von Zeit durch unsere Sinne und kognitiven Prozesse geprägt ist.

1. Zeit als Konstrukt des Geistes: Die Grundthese besagt, dass die Zeit nicht als objektive, unabhängige Realität existiert, sondern als mentales Konstrukt in unseren Köpfen. Unsere Wahrnehmung von Zeit könnte demnach von unserem Geist geschaffen werden, um die Abfolge von Ereignissen zu organisieren.

2. Relativität der Zeitwahrnehmung: Unterschiedliche Kulturen und Menschen haben unterschiedliche Vorstellungen von Zeit. Die Idee der Illusion der Zeit schlägt vor, dass unsere individuelle und kulturelle Zeitwahrnehmung eher von subjektiven Faktoren als von einer objektiven Zeit abhängt.

3. Einfluss der Sinne und kognitiver Prozesse: Unsere Sinne und kognitiven Prozesse spielen eine entscheidende Rolle bei der Konstruktion unserer Zeitwahrnehmung. Die Art und Weise, wie wir Ereignisse erleben und speichern, könnte dazu führen, dass die Zeit subjektiv unterschiedlich wahrgenommen wird.

Der freie Wille und das Dilemma der Prädestination:

Die Vorstellung von Zeit wirft auch Fragen nach dem freien Willen auf. Wenn die Zukunft bereits festgelegt ist, gibt es dann Raum für individuelle Entscheidungen und freie Handlungen?

Die Existenz außerhalb der Zeit:

Ein letztes philosophisches Konzept, dem wir nachgehen werden, betrifft die Idee, dass es möglicherweise eine Existenz außerhalb der Zeit gibt. Wir werden uns vorstellen, wie eine solche Existenz aussehen könnte und wie sie unser Verständnis von Realität herausfordert.

Die Transzendenz der Zeit: Die Grundthese besagt, dass es eine Dimension oder einen Zustand geben könnte, der nicht durch die lineare Abfolge von Vergangenheit, Gegenwart und Zukunft definiert ist. Diese transzendente Existenz wäre nicht an die zeitlichen Begrenzungen gebunden, die unser irdisches Dasein prägen.

Außerzeitliche Realitäten:

Die Vorstellung außerzeitlicher Realitäten bezieht sich auf die Möglichkeit, dass es Bereiche des Universums oder sogar separate Dimensionen gibt, in denen das Konzept der Zeit in einer völlig anderen Weise existiert oder überhaupt keine Relevanz hat. Hier sind einige Überlegungen zu diesem Konzept:

1. **Unabhängige Zeitstrukturen:** In außerzeitlichen Realitäten könnten alternative Zeitstrukturen existieren, die nicht linear oder in einem zeitlichen Fluss organisiert sind, wie wir es in unserer Welt kennen. Zeit könnte zirkulär, multidimensional oder auf andere Weise organisiert sein.
2. **Abwesenheit von Vergangenheit und Zukunft:** In diesen Realitäten könnte es keine klare Trennung zwischen Vergangenheit, Gegenwart und Zukunft geben. Ereignisse könnten sich nicht in einer festen Reihenfolge entfalten, und die Vorstellung von Ursache und Wirkung könnte anders definiert sein.
3. **Instantaneität:** Zeitlose Realitäten könnten eine Art Instantaneität erleben, bei der alle Ereignisse gleichzeitig oder simultan stattfinden. Dies steht im Gegensatz zu unserer Erfahrung, in der sich Ereignisse nacheinander in einer zeitlichen Abfolge entwickeln.
4. **Andere physikalische Gesetze:** In außerzeitlichen Realitäten könnten gänzlich andere physikalische Gesetze gelten, die nicht an die Zeit gebunden sind. Dies könnte zu verschiedenen Formen von Materie, Energie und sogar zu unterschiedlichen Raumzeitdimensionen führen.

Herausforderungen für unser Denken: Die Abstraktion der Zeit

Die Idee, dass Zeit möglicherweise eine Illusion ist, wirft zahlreiche philosophische Fragen und Herausforderungen auf, die unser konventionelles Denken herausfordern. Hier sind einige Aspekte dieses Konzepts:

1. **Relativität der Zeitwahrnehmung:** Wenn Zeit als Illusion betrachtet wird, könnte ihre Wahrnehmung relativ sein und von individuellen Perspektiven abhängen. Verschiedene Beobachter könnten unterschiedliche Auffassungen von vergangenen, gegenwärtigen und zukünftigen Ereignissen haben.
2. **Die Kontinuität der Zeit:** Unser alltägliches Verständnis von Zeit basiert auf der Vorstellung einer stetigen und kontinuierlichen Abfolge von Momenten. Wenn Zeit eine Illusion ist, müssten wir überlegen, wie diese scheinbare Kontinuität entsteht und ob es tatsächlich diskrete Momente gibt.
3. **Die Rolle des Bewusstseins:** Die Idee einer illusorischen Zeit stellt die Frage nach der Rolle des Bewusstseins in unserem Zeitverständnis. Ist Zeit eine Konstruktion unseres Geistes, die notwendig ist, um die Realität zu interpretieren, oder existiert sie unabhängig von unserer Wahrnehmung?
4. **Die Entkopplung von Ursache und Wirkung:** Das traditionelle Verständnis von Zeit ist eng mit dem Konzept von Ursache und Wirkung verbunden. Wenn Zeit eine Illusion ist, könnte dies bedeuten, dass Ursache und Wirkung keine festen Regeln folgen und unsere Vorstellung von Kausalität infrage gestellt wird.
5. **Die Paradoxien der Zeitreisen:** Das Konzept der Illusion der Zeit könnte einige der Paradoxien erklären, die mit Zeitreisen verbunden sind. Wenn es keine lineare Zeit gibt, würden die klassischen Zeitreise-Paradoxien, wie das Großvater-Paradoxon, möglicherweise anders betrachtet werden müssen.

Dieses abschließende Thema schließt unser Kapitel über Zeitreisen im Kosmos mit einer Reflexion über die tiefen philosophischen Aspekte der Zeit ab. Es regt dazu an, über die Grenzen der Wissenschaft hinaus nachzudenken und die Komplexität des Zeitkonzepts in all seinen Facetten zu erkunden.

Kapitel 3: Verschmelzung der Giganten – Wenn Galaxien kollidieren

Thema 1: Grundlagen der Galaxienkollisionen

Die Tanzpartner im Universum:

Galaxien, die majestätischen Riesen des Universums, sind nicht isoliert, sondern tanzen in einem gewaltigen kosmischen Ballett. In diesem Kapitel werden wir uns den faszinierenden Prozessen widmen, wenn diese gigantischen Strukturen, die Milliarden von Sternen beherbergen, in einem spektakulären Schauspiel zusammenstoßen. Die Grundlagen der Galaxienkollisionen führen uns in eine Welt von Schwerkraft, Dynamik und den beeindruckenden Auswirkungen auf die Gestalt und das Schicksal von Galaxien.

Schwerkraft als Dirigent:

Die alles beherrschende Kraft in der kosmischen Sinfonie der Galaxien ist die Schwerkraft. Wir werden uns damit beschäftigen, wie diese unsichtbare Hand die Bewegungen von Galaxien dirigiert und sie auf Kollisionskurs bringt. Die Gravitationswechselwirkungen zwischen Galaxien sind der Anfang eines epischen kosmischen Balletts.

1. **Anziehung zwischen Galaxien:** Die Schwerkraft ist die Kraft, die zwischen Massen wirkt, und sie bewirkt, dass Galaxien aufgrund ihrer Masse einander anziehen. Dies führt dazu, dass Galaxien auf Kollisionskurs geraten, wenn sie sich durch den Raum bewegen.
2. **Gravitationswechselwirkungen:** Während Galaxien sich aufeinander zu bewegen, treten komplexe Gravitationswechselwirkungen auf. Die Schwerkraft bewirkt, dass die Formen der Galaxien deformiert werden, und sie beeinflusst die Bahnen der Sterne innerhalb der Galaxien.
3. **Dynamik des kosmischen Tanzes:** Die Schwerkraft agiert als "Dirigent" dieses kosmischen Balletts, indem sie die Dynamik der Galaxien beeinflusst. Sie bestimmt, wie die Galaxien miteinander interagieren, sich annähern, miteinander verschmelzen oder sich wieder voneinander entfernen
4. **Wechselwirkung mit Dunkler Materie:** Dunkle Materie, die ebenfalls durch Schwerkraft beeinflusst wird, spielt eine wichtige Rolle bei Galaxienkollisionen. Da Dunkle Materie den Großteil der Materie im Universum ausmacht, beeinflusst ihre Schwerkraft die Bahnen von Galaxien und beeinflusst somit den Ausgang der Kollision.
5. **Entstehung neuer Strukturen:** Die Schwerkraft ist auch verantwortlich für die Entstehung neuer Strukturen nach der Kollision. Durch die gravitative Wechselwirkung werden Sterne, Gaswolken und Dunkle Materie neu

angeordnet, was zur Bildung von neuen Galaxien oder galaktischen Strukturen führen kann.

Verschmelzung von Schwarzen Löchern:

Ein Höhepunkt bei Galaxienkollisionen ist die mögliche Verschmelzung von Schwarzen Löchern. Diese gewaltigen kosmischen Schlundlöcher tanzen einen gefährlichen Tango, der das Gewebe der Raumzeit selbst erschüttern kann. Wir werden uns mit den Prozessen dieser Verschmelzung und den dabei freigesetzten Energiemengen auseinandersetzen.

1. **Annäherung und Kollision:** Wenn zwei Schwarze Löcher aufgrund von Gravitationswechselwirkungen oder anderen kosmischen Prozessen aufeinander zubewegen, beginnen sie, sich spiralförmig zu umkreisen. Diese Annäherung führt zu einem energiereichen Tanz, bei dem Gravitationswellen abgestrahlt werden.
2. **Emission von Gravitationswellen:** Während die Schwarzen Löcher miteinander verschmelzen, senden sie Gravitationswellen aus. Diese Wellen sind Rippeln in der Raumzeit, die sich mit Lichtgeschwindigkeit ausbreiten. Die Entdeckung von Gravitationswellen im Jahr 2015 bestätigte die Vorhersagen von Einsteins Relativitätstheorie und eröffnete eine völlig neue Ära der Astrophysik.
3. **Verschmelzung und Bildung eines größeren Schwarzen Lochs:** Nach der Verschmelzung entsteht ein neues Schwarzes Loch, das die kombinierte Masse der beiden ursprünglichen Schwarzen Löcher hat. Ein Teil der Masse wird jedoch in Form von Gravitationswellen abgestrahlt, was zu einem Energieverlust führt.
4. **Freisetzung von Energie:** Die Verschmelzung von Schwarzen Löchern setzt enorme Mengen an Energie frei, die in Form von Gravitationswellen emittiert wird. Diese Freisetzung von Energie kann astronomische Phänomene erzeugen und hat wichtige Auswirkungen auf die Struktur des umgebenden Raum-Zeit-Gefüges.

Dieses erste Thema des Kapitels öffnet die Tür zu einem faszinierenden Universum von Galaxienkollisionen, wo die Kräfte der Schwerkraft die Hauptrolle spielen und die Bühne für spektakuläre kosmische Veränderungen bereiten.

Kapitel 3: Verschmelzung der Giganten – Wenn Galaxien kollidieren

Thema 2: Beobachtungen von kollidierenden Galaxien

Spektakel am Himmel:

Die Beobachtung von kollidierenden Galaxien bietet uns ein atemberaubendes Schauspiel kosmischer Ereignisse. In diesem Abschnitt werden wir die faszinierenden Entdeckungen und Erkenntnisse erkunden, die durch die Beobachtung dieser galaktischen Tanzpartien gewonnen wurden. Moderne Teleskope ermöglichen es uns, tief in die Details dieser Zusammenstöße einzutauchen und die Dynamik sowie die Auswirkungen auf die beteiligten Galaxien zu verstehen.

Visuelle Beobachtungen:

Ein erster Blick auf kollidierende Galaxien offenbart oft dramatische Szenen von verbogenen Armen, zerrissenen Strukturen und funkelnden Sternen. Wir werden die visuellen Beobachtungen von Astronomen erkunden, die die künstlerischen Aspekte dieser galaktischen Verschmelzungen festgehalten haben. Die Vielfalt der Formen und Muster, die durch die Gravitationswechselwirkungen entstehen, verleiht jedem kollidierenden Paar eine einzigartige Ästhetik.

1. **Deformation von Formen:** Kollidierende Galaxien haben oft verzerrte und unregelmäßige Formen. Dies liegt daran, dass die gravitative Wechselwirkung

zwischen den Galaxien ihre Strukturen beeinflusst. Spiralarme können sich verwickeln, und Galaxien können gestreckt oder verbogen werden.

2. **Brücken und Schweife:** Während des Kollisionsprozesses können Brücken aus Sternen, Gas und Staub zwischen den beteiligten Galaxien entstehen. Ebenso können lange Schweife aus Materie zurückbleiben, die von den Galaxien weggezogen wurde. Diese Strukturen sind sichtbare Zeichen der gravitativen Wechselwirkung.

3. **Starburst-Regionen:** Kollidierende Galaxien können intensive Sternentstehungsregionen erleben, bekannt als "Starburst"-Phasen. Die Wechselwirkung führt zur Verdichtung von Gas und Staub, was die Bildung neuer Sterne in einem rapiden Tempo fördert. Diese Regionen leuchten oft hell im sichtbaren Licht.

4. **Aktive galaktische Kerne (AGN):** In einigen Fällen können kollidierende Galaxien dazu führen, dass die zentralen Schwarzen Löcher in den Galaxien aktiviert werden. Dies führt zur Emission von intensiver Strahlung, einschließlich Röntgenstrahlen und Radioemissionen, und erzeugt so aktive galaktische Kerne (AGN).

5. **Galaxienfusion:** In fortgeschrittenen Stadien der Kollision kann es zur Verschmelzung der Galaxien kommen. Die beiden ursprünglichen Galaxien werden zu einem einzigen, größeren System verschmolzen, das eine neue, einzigartige Struktur haben kann.

6. **Farbveränderungen:** Die Wechselwirkung kann auch zu Veränderungen in der Farbwahrnehmung der Galaxien führen. Neue Sterne, die während des Kollisionsprozesses entstehen, können unterschiedliche chemische Zusammensetzungen aufweisen und so die Farbpalette der Galaxie beeinflussen.

Simulationen und Modelle:

Die Beobachtungen von kollidierenden Galaxien werden durch aufwendige Simulationen und Modelle ergänzt. Durch die Integration von Computersimulationen können Astronomen die komplexe Dynamik der Kollisionen nachvollziehen und verstehen.

Die Kombination von Beobachtungen und Modellen ermöglicht es Wissenschaftlern, ein umfassenderes Bild von kollidierenden Galaxien zu zeichnen. Die Modelle dienen dazu, die physikalischen Prozesse zu verstehen, die bei Galaxienkollisionen ablaufen, und tragen dazu bei, unsere Kenntnisse über die Entwicklung von Galaxien und die Rolle von Gravitationswechselwirkungen zu vertiefen.

Astronomische Entdeckungen und Erkenntnisse:

Die Beobachtungen von kollidierenden Galaxien haben bereits zu zahlreichen astronomischen Entdeckungen und Erkenntnissen geführt. Von der Entstehung neuer Sternentstehungsgebiete bis zur Identifizierung von Schwarzen Löchern in den kollidierenden Galaxien bieten uns diese Ereignisse einen einzigartigen Einblick in die Galaxienentwicklung.

Dieser Abschnitt nimmt uns mit auf eine Reise durch die Augen der Astronomen, die mit ihren Teleskopen die faszinierenden Beobachtungen von kollidierenden Galaxien eingefangen haben. Wir tauchen ein in die Schönheit und Komplexität dieser kosmischen Tanzpartien und entdecken die verborgenen Geheimnisse, die sie enthüllen.

Kapitel 3: Verschmelzung der Giganten – Wenn Galaxien kollidieren

Thema 3: Simulationen und Modelle von Galaxienkollisionen

Virtuelle Tanzfläche des Kosmos:

Während die Beobachtung von kollidierenden Galaxien einen Einblick in die sichtbaren Auswirkungen bietet, öffnet die Welt der Simulationen und Modelle eine virtuelle Tür zu den unsichtbaren Prozessen und komplexen Dynamiken, die bei Galaxienkollisionen im Spiel sind. In diesem Abschnitt werden wir die Instrumente der virtuellen Tanzfläche des Kosmos erkunden, um die tiefen Geheimnisse von Galaxienkollisionen zu entschlüsseln.

Computersimulationen als Zeitreisen:

Computersimulationen ermöglichen es uns, in die Vergangenheit, Gegenwart und Zukunft von Galaxienkollisionen zu reisen. Wir werden uns mit den fortschrittlichen Algorithmen und Supercomputern befassen, die es Astronomen ermöglichen, die komplexen Gravitationswechselwirkungen und die darauf folgenden Entwicklungen virtuell nachzubilden. Diese Simulationen bieten eine einzigartige Perspektive, die über das hinausgeht, was mit bloßem Auge beobachtet werden kann.

Modellierung der Dunklen Materie:

Ein entscheidender Faktor in Galaxienkollisionen ist die unsichtbare Dunkle Materie. Modelle und Simulationen spielen eine Schlüsselrolle bei der Integration der Dunklen

Materie in die Vorhersagen von Kollisionen. Wir werden uns mit den verschiedenen Ansätzen und Herausforderungen bei der Modellierung der Dunklen Materie befassen und wie sie die Struktur der kollidierenden Galaxien beeinflusst.

1. **Simulationen von Galaxienkollisionen:** Durch fortschrittliche Computersimulationen können Astrophysiker die Wechselwirkungen zwischen Galaxien modellieren. Diese Simulationen berücksichtigen die Gravitationskräfte, die Gasdynamik und andere relevanten Faktoren. Die visuellen Ergebnisse solcher Simulationen werden dann mit realen Beobachtungen verglichen, um die Genauigkeit der Modelle zu überprüfen.

2. **Dynamische Modelle:** Modelle, die auf den Prinzipien der klassischen Mechanik basieren, ermöglichen es Wissenschaftlern, die Bewegungen und Wechselwirkungen zwischen den Sternen in den kollidierenden Galaxien zu verstehen. Diese Modelle erklären, wie sich die Galaxien gegenseitig beeinflussen und wie dies zu den beobachteten Strukturen führt.

3. **Modelle für Starbursts:** Für die intensive Sternentstehung, die während kollidierender Galaxien stattfindet, verwenden Wissenschaftler Modelle für sogenannte "Starbursts". Diese Modelle berücksichtigen den Zustrom von Gas in bestimmte Regionen der Galaxie, was zu einer gesteigerten Sternbildung führt. Die hell leuchtenden Regionen in kollidierenden Galaxien können durch solche Modelle erklärt werden.

4. **Verschmelzungsmodelle für Schwarze Löcher:** Wenn zwei Galaxien miteinander verschmelzen, kann dies zu einer Verschmelzung der zentralen Schwarzen Löcher führen. Modelle für Schwarze-Löcher-Verschmelzung erklären die dabei freigesetzte Energie und wie diese zur Bildung von AGN (aktive galaktische Kerne) beiträgt.

5. **Chemische Evolution und Farbmodelle:** Die Veränderungen in der Farbwahrnehmung kollidierender Galaxien können durch Modelle zur chemischen Evolution erklärt werden. Diese Modelle berücksichtigen die Zusammensetzung des Gases und der Sterne in den Galaxien, um die beobachteten Farbveränderungen zu reproduzieren.

Die Kombination von Beobachtungen und Modellen ermöglicht es Wissenschaftlern, ein umfassenderes Bild von kollidierenden Galaxien zu zeichnen. Die Modelle dienen dazu, die physikalischen Prozesse zu verstehen, die bei Galaxienkollisionen ablaufen, und tragen dazu bei, unsere Kenntnisse über die Entwicklung von Galaxien und die Rolle von Gravitationswechselwirkungen zu vertiefen.

Die Dynamik von Sternen und Gas:

Eine erfolgreiche Simulation von Galaxienkollisionen erfordert auch die Berücksichtigung der Bewegung von Sternen und Gas.

Vergleich mit Beobachtungen:

Die Validierung von Simulationen erfolgt oft durch den Vergleich mit realen Beobachtungen.

Zukunftsaussichten und Weiterentwicklungen:

Die Welt der Galaxienkollisions-Simulationen ist dynamisch und entwickelt sich ständig weiter.

Dieser Abschnitt nimmt uns mit hinter die Kulissen der astronomischen Forschung und zeigt, wie Simulationen und Modelle eine Schlüsselrolle dabei spielen, die komplexen Rätsel von Galaxienkollisionen zu entschlüsseln.

Kapitel 3: Verschmelzung der Giganten – Wenn Galaxien kollidieren

Thema 4: Entstehung neuer Strukturen durch Galaxienkollisionen

Die Geburt neuer Galaxien:

Galaxienkollisionen sind nicht nur kosmische Zusammenstöße, sondern auch Geburtsstätten für neue galaktische Strukturen. In diesem Abschnitt werden wir den faszinierenden Prozess der Entstehung neuer Galaxien durch die Einflüsse von Kollisionen erforschen. Diese galaktischen "Neugeburten" verleihen dem Universum eine ständige Verjüngungskur und formen seine Struktur auf einzigartige Weise.

Sternentstehung in Überfluss:

Eine der auffälligsten Auswirkungen von Galaxienkollisionen ist die verstärkte Sternentstehung. Wir werden uns mit den Mechanismen befassen, die diesen Anstieg bewirken, von der Kompression von Gaswolken bis zur Bildung neuer Sternentstehungsregionen. Diese lebhaften Sterngeburten prägen das Erscheinungsbild der kollidierenden Galaxien und schaffen eine Fülle von Sternen, die das Universum weiter bevölkern.

1. **Kompression von Gaswolken:** Während der Kollision werden Gaswolken in den Galaxien stark komprimiert. Dieser Druckanstieg fördert die Verdichtung von Gas, was wiederum die Entstehung neuer Sterne begünstigt. In den dichteren Regionen entstehen Sternentstehungsgebiete, in denen junge Sterne geboren werden.

2. **Entstehung neuer Sternentstehungsregionen:** Die Dynamik der Kollision kann neue Sternentstehungsregionen hervorrufen. Durch die gravitative Wechselwirkung werden Materie und Gas in bestimmte Bereiche gelenkt, wo sie sich verdichtet und die Bildung von Sternen auslöst. Diese Regionen zeichnen sich durch eine intensive Sterngeburtenaktivität aus.

3. **Materiefluss in die Galaxienkerne:** Während des kollisionsbedingten Materieaustauschs strömt zusätzliches Gas in die Kerne der Galaxien. Diese Gaszufuhr kann die Sternentstehung in den zentralen Bereichen intensivieren, wodurch leuchtstarke Kerne entstehen, die als aktive galaktische Kerne (AGN) bekannt sind.

4. **Kollisionsinduzierte Schockwellen:** Die Wechselwirkungen zwischen den Galaxien erzeugen Schockwellen, die durch das interstellare Medium rasen. Diese Schockwellen können Gas und Staub komprimieren und zur Entstehung neuer Sterne beitragen.

Bildung von Gezeitenschweifen und Brücken:

Galaxienkollisionen führen oft zur Bildung von spektakulären Gezeitenschweifen und Brücken. Diese Strukturen entstehen durch die gravitative Wechselwirkung zwischen den Galaxien und sind visuelle Zeugnisse der Kräfte, die bei diesen kosmischen Zusammenstößen am Werk sind. Wir werden uns mit der Bildung und der Bedeutung dieser dynamischen Merkmale auseinandersetzen.

Die Resultate sind faszinierende Formationen von Gezeitenschweifen, die oft spiral- oder bogenförmig sind, sowie Brücken aus Materie, die die Galaxien miteinander verbinden. Diese Strukturen sind nicht nur visuell beeindruckend, sondern tragen auch zur räumlichen Umformung der Galaxien bei. Durch die Untersuchung von Gezeitenschweifen und Brücken können Wissenschaftler Einblicke in die komplexen Kräfte gewinnen, die während einer Galaxienkollision am Werk sind, und weiteres Verständnis über die Evolution von Galaxien gewinnen.

Verschmelzung von Schwarzen Löchern und aktiven Galaxienkernen:

Ein weiteres faszinierendes Ergebnis von Galaxienkollisionen ist die mögliche Verschmelzung von Schwarzen Löchern im Zentrum der beteiligten Galaxien. Dieser Prozess kann zu hochenergetischen Ereignissen führen, die als aktive Galaxienkerne bekannt sind.

Bildung von Elliptischen Galaxien und Galaxienclustern:

Galaxienkollisionen spielen auch eine entscheidende Rolle bei der Bildung von elliptischen Galaxien und Galaxienclustern. Durch die gravitative Wechselwirkung und

Verschmelzung von Galaxien können diese massereichen Strukturen entstehen, die das Erscheinungsbild ganzer Galaxiengruppen prägen.

Dieser Abschnitt ermöglicht uns einen tiefen Einblick in die Schaffenskraft von Galaxienkollisionen, die nicht nur als Zerstörung, sondern auch als Motor für die Entstehung neuer galaktischer Strukturen wirken.

Kapitel 3: Verschmelzung der Giganten – Wenn Galaxien kollidieren

Thema 5: Die Rolle von Galaxienkollisionen in der kosmischen Evolution

Galaktische Evolution im Kontext:

In diesem letzten Thema unseres Kapitels über Galaxienkollisionen werden wir einen Blick auf die größeren Zusammenhänge werfen und die Rolle dieser spektakulären kosmischen Ereignisse in der Evolution des Universums verstehen. Galaxienkollisionen sind nicht nur isolierte Phänomene, sondern integraler Bestandteil eines fortwährenden Prozesses, der die Struktur und Dynamik des Kosmos formt.

Die Rolle von Galaxienkollisionen in der Sternenbildungsgeschichte:

Eine zentrale Auswirkung von Galaxienkollisionen ist ihre Bedeutung für die Sternenbildungsgeschichte des Universums. Wir werden uns mit der Frage beschäftigen, wie diese kosmischen Zusammenstöße den Reichtum an Sternen in Galaxien beeinflussen und welche Rolle sie in der Entstehung und Entwicklung von Sternpopulationen spielen.

1. **Erhöhte Sternentstehungsraten:** Galaxienkollisionen führen oft zu einer massiven Erhöhung der Sternentstehungsraten. Durch die gravitative Wechselwirkung werden Gaswolken in den Galaxien komprimiert, was die Bildung neuer Sterne fördert. Dieser Anstieg der Sternentstehungsraten kann kurzzeitig sehr intensiv sein.
2. **Veränderung der Sternpopulationen:** Die durch Galaxienkollisionen ausgelöste Sternenbildung führt zu einer Veränderung der Sternpopulationen in den beteiligten Galaxien. Neue Sterne entstehen in den kollidierenden Regionen, was zu einer Erweiterung und Vielfalt der Sternpopulationen führt.
3. **Bildung von Sternhaufen und -verbänden:** Während der intensiven Sternentstehungsphasen, die durch Galaxienkollisionen ausgelöst werden,

entstehen oft dichte Ansammlungen von Sternen, bekannt als Sternhaufen und -verbände. Diese bilden sich aus dem in den kollidierenden Galaxien vorhandenen Gas und Staub.

4. **Beeinflussung der Galaxienstruktur:** Galaxienkollisionen beeinflussen nicht nur die Sternenbildung, sondern auch die allgemeine Struktur der Galaxien. Durch gravitative Wechselwirkungen und Verschmelzungen können sich die Formen und Eigenschaften der kollidierenden Galaxien dramatisch verändern.

5. **Auslösung von AGN (Aktive Galaxienkerne):** In einigen Fällen können Galaxienkollisionen zur Aktivierung von AGN führen. Aktive Galaxienkerne sind Regionen um supermassereiche Schwarze Löcher, die enorme Mengen an Energie freisetzen. Dieser Prozess kann ebenfalls die Umgebung stark beeinflussen.

Galaxienkollisionen und die Entstehung von Galaxienclustern:

Galaxienkollisionen sind nicht nur Einzelereignisse; sie tragen auch zur Bildung von Galaxienclustern bei. Diese Ansammlungen von Galaxien sind wichtige Bausteine des kosmischen Gewebes. Wir werden betrachten, wie sich durch wiederholte Kollisionen Galaxiencluster bilden und wie diese Cluster die großräumige Struktur des Universums beeinflussen.

1. **Häufigkeit von Galaxienkollisionen:** In stark gravitativ gebundenen Regionen, wie sie in Galaxienclustern vorliegen, ist die Wahrscheinlichkeit von Galaxienkollisionen erhöht. Durch wiederholte Interaktionen zwischen den Galaxien in einem Cluster können sich kollidierende Ereignisse häufen.

2. **Gravitative Wechselwirkungen und Clusterbildung:** Galaxien innerhalb eines Clusters beeinflussen sich gegenseitig durch ihre gravitativen Wechselwirkungen. Dies führt dazu, dass sie sich in Richtung des Schwerpunkts des Clusters bewegen. Die Ansammlung von Galaxien durch Gravitation ist ein schrittweiser Prozess, der durch wiederholte Kollisionen unterstützt wird.

3. **Bildung von Substrukturen:** Durch Galaxienkollisionen innerhalb eines Clusters können substrukturelle Elemente entstehen. Das bedeutet, dass sich innerhalb des Gesamtclusters kleinere Gruppen von Galaxien bilden können, die durch vergangene oder gegenwärtige kollidierende Ereignisse beeinflusst werden.

4. **Erwärmung des Intracluster-Gases:** Die gravitativen Wechselwirkungen und Energiefreisetzung bei Galaxienkollisionen können das Intracluster-Gas (das heiße, dünn verteilte Gas zwischen den Galaxien im Cluster) erwärmen. Dieser Prozess trägt zur Formung und Strukturierung des Galaxienclusters bei.

5. **Kollisionsinduzierte Sternentstehung:** In den dichten Regionen von Galaxienclustern, insbesondere in den sogenannten Galaxiengruppen, können kollidierende Galaxien die Bildung neuer Sterne stimulieren. Diese

kollisionsinduzierte Sternentstehung kann dazu beitragen, die Sternpopulationen in den Galaxienclustern zu beeinflussen.

6. **Dynamik der Clusterentwicklung:** Galaxienkollisionen beeinflussen die allgemeine Dynamik der Clusterentwicklung. Durch die Ansammlung von Galaxien durch gravitative Wechselwirkungen und wiederholte kollidierende Ereignisse entwickelt sich im Laufe der Zeit die Struktur des Galaxienclusters.

Die Rolle von Galaxienkollisionen in der Entstehung von Strukturen im Universum:

Auf einer noch größeren Skala spielen Galaxienkollisionen eine entscheidende Rolle in der Entstehung von kosmischen Strukturen wie Filamenten und Voids. Durch ihre gravitative Wechselwirkung beeinflussen sie die Verteilung von Materie im Universum und tragen zur Bildung der großräumigen Strukturen bei, die wir heute beobachten können.

Wechselwirkungen mit der Dunklen Materie:

Die Wechselwirkung mit Dunkler Materie während Galaxienkollisionen ist ein weiterer Schlüsselaspekt. Wir werden uns mit der Frage beschäftigen, wie diese unsichtbare Form der Materie die dynamischen Prozesse bei Zusammenstößen beeinflusst und welche Rolle sie bei der Entstehung von Strukturen im Universum spielt.

Dieses abschließende Thema des Kapitels lenkt unseren Blick auf die weitreichenden Auswirkungen von Galaxienkollisionen auf die kosmische Evolution und zeigt, wie diese Ereignisse in einem breiteren Kontext die Struktur und Dynamik des Universums prägen.

Kapitel 4: "Das Fermi-Paradoxon – Auf der Suche nach außerirdischem Leben"

Das Fermi-Paradoxon, benannt nach dem Physiker Enrico Fermi, wirft die scheinbar widersprüchliche Frage auf: Wenn das Universum reich an potenziell bewohnbaren Planeten ist, warum haben wir noch keine klaren Beweise für außerirdisches Leben gefunden? Trotz der Vielzahl von Sternen und Planeten, die für Leben geeignet sein könnten, fehlen bisher direkte Nachweise oder Kontakte mit intelligenten außerirdischen Zivilisationen. Das Paradoxon regt zu zahlreichen Theorien und Spekulationen über mögliche Lösungen an und bleibt eine faszinierende Fragestellung in der Astronomie und Astrobiologie.

Thema 1: Die Drake-Gleichung

Die Drake-Gleichung, benannt nach dem Astrophysiker Frank Drake, ist eine theoretische Formel, die entwickelt wurde, um die Anzahl der technologisch fortgeschrittenen Zivilisationen in unserer Galaxie zu schätzen. Die Gleichung wurde erstmals 1961 während einer Konferenz über die Suche nach außerirdischem Leben vorgestellt und dient als Rahmen für die wissenschaftliche Herangehensweise an dieses komplexe und faszinierende Thema. Lassen Sie uns die verschiedenen Komponenten der Drake-Gleichung näher betrachten:

1. *R (Sternenbildungsrate):*
   - Diese Variable bezieht sich auf die durchschnittliche Rate der Sternenbildung in unserer Galaxie pro Jahr. Sie gibt an, wie viele neue Sterne in einem bestimmten Zeitraum geboren werden.
2. **fp (Fraktion der Sterne mit Planeten):**
   - Hier wird der Anteil der Sterne berücksichtigt, die Planeten haben. Das Ziel ist es zu verstehen, wie häufig Planetensysteme um Sterne entstehen.
3. **ne (Anzahl der erdähnlichen Planeten pro Planetensystem):**
   - Diese Variable gibt an, wie viele erdähnliche Planeten es durchschnittlich in einem Planetensystem gibt, auf denen Leben entstehen könnte.
4. **fl (Fraktion der erdähnlichen Planeten, auf denen Leben entsteht):**
   - Hier wird die Wahrscheinlichkeit berücksichtigt, dass Leben auf einem erdähnlichen Planeten tatsächlich entsteht.
5. **fi (Fraktion der entwickelten Lebensformen):**

- Diese Variable bezieht sich auf den Anteil der entwickelten Lebensformen, die in der Lage sind, Signale ins All zu senden oder anderweitig erkennbare Anzeichen ihrer Existenz zu hinterlassen.
6. **fc (Fraktion der Planeten mit intelligenten Lebensformen):**
   - Hier wird die Wahrscheinlichkeit berücksichtigt, dass Planeten mit entwickelten Lebensformen auch intelligente Lebensformen hervorbringen.
7. **L (Lebensdauer einer technologisch fortgeschrittenen Zivilisation):**
   - Diese Variable gibt die durchschnittliche Lebensdauer einer technologisch fortgeschrittenen Zivilisation an, also den Zeitraum, in dem sie in der Lage ist, Signale zu senden.

Die Drake-Gleichung wird genutzt, um eine Schätzung der Anzahl von Zivilisationen in unserer Galaxie abzugeben, die in der Lage sein könnten, mit uns in Kontakt zu treten. Sie stellt jedoch eher einen Rahmen für Diskussionen dar, da viele der Variablen nur ungenau geschätzt werden können und einige noch unbekannt sind. Dennoch ist sie ein faszinierendes Werkzeug, um die Potenziale für außerirdisches Leben zu überdenken und die Herausforderungen bei der Suche danach zu verstehen.

Thema 2: SETI und Radiosignale

Die Suche nach außerirdischem Leben ist ein faszinierendes Unterfangen, und eine der primären Methoden, um mit hypothetischen außerirdischen Zivilisationen in Kontakt zu treten, ist die Suche nach Radiosignalen. Das SETI-Projekt (Search for Extraterrestrial Intelligence) ist eine wissenschaftliche Initiative, die sich genau diesem Ziel widmet. Hier sind die Schlüsselaspekte des Themas "SETI und Radiosignale":

1. **SETI (Search for Extraterrestrial Intelligence):**
   - SETI ist ein wissenschaftliches Unterfangen, das sich darauf konzentriert, Signale von außerirdischen Zivilisationen zu entdecken. Die Forscher suchen nach künstlichen Radiosignalen oder anderen außergewöhnlichen Phänomenen im Weltraum, die auf intelligentes außerirdisches Leben hinweisen könnten.
2. **Radiosignale als Kommunikationsmittel:**
   - Die Annahme ist, dass intelligente außerirdische Zivilisationen möglicherweise ähnliche Kommunikationsmittel wie wir verwenden, insbesondere Radiowellen. Diese Radiowellen könnten absichtlich als Signale ausgesendet werden, um ihre Existenz mit anderen Zivilisationen im Universum zu teilen.
3. **Charakteristika von SETI-Signalen:**

- Forscher suchen nach Signalen, die nicht natürlichen Ursprungs sind. Charakteristiken wie schmale Bandbreite, Wiederholbarkeit und ungewöhnliche Muster könnten darauf hinweisen, dass ein Signal künstlich erzeugt wurde.

4. **Suchstrategien und Radioteleskope:**
   - SETI verwendet Radioteleskope auf der Erde, um den Himmel nach potenziellen außerirdischen Signalen abzusuchen. Es werden verschiedene Suchstrategien angewendet, darunter das Scannen von Frequenzen und das Fokussieren auf bestimmte Sterne oder Regionen des Weltraums.

5. **Herausforderungen und Kontroversen:**
   - Die SETI-Forschung steht vor Herausforderungen, darunter die riesige Anzahl von Hintergrundsignalen, die von natürlichen Quellen im Universum stammen. Es gibt auch Kontroversen bezüglich der Mittelzuweisungen und der Frage, wie wahrscheinlich es ist, dass außerirdische Zivilisationen in unserer galaktischen Nachbarschaft existieren.

6. **Zukunftsaussichten von SETI:**
   - Mit fortschreitender Technologie und neuen Erkenntnissen aus der Astronomie steigen die Möglichkeiten und die Präzision von SETI. Zukünftige Entwicklungen könnten es Forschern ermöglichen, effektiver nach außerirdischen Signalen zu suchen und die Suche auf andere Arten von Signaturen auszudehnen.

SETI bleibt eine aufregende wissenschaftliche Bemühung, die unser Verständnis des Universums erweitern könnte, wenn sie erfolgreich ist. Das Thema regt nicht nur die Fantasie an, sondern trägt auch dazu bei, die fundamentalen Fragen nach unserer Position im Kosmos zu erforschen.

Thema 3: Exoplaneten und bewohnbare Zonen

Die Entdeckung und Untersuchung von Exoplaneten, also Planeten außerhalb unseres Sonnensystems, hat in den letzten Jahren erhebliche Fortschritte gemacht. Ein Schlüsselelement dieser Forschung ist die Identifizierung von bewohnbaren Zonen, in denen Bedingungen für flüssiges Wasser und potenziell Leben existieren könnten. Hier sind die Hauptaspekte des Themas "Exoplaneten und bewohnbare Zonen":

1. **Exoplaneten und ihre Entdeckung:**
   - Exoplaneten sind Planeten, die Sterne außerhalb unseres Sonnensystems umkreisen. Fortschritte in Teleskop- und Detektionstechnologien haben es Wissenschaftlern ermöglicht, Tausende von Exoplaneten zu identifizieren.

2. **Definition der bewohnbaren Zone:**
   - Die bewohnbare Zone, auch als Goldilocks-Zone bekannt, ist der Abstand zu einem Stern, in dem die Temperaturen so sind, dass flüssiges Wasser auf der Oberfläche eines Planeten existieren könnte. Wasser gilt als entscheidender Faktor für das Leben, daher ist die bewohnbare Zone von besonderem Interesse.
3. **Methoden zur Identifizierung von Exoplaneten:**
   - Es gibt verschiedene Methoden zur Identifizierung von Exoplaneten, darunter die Transitmethode (Beobachtung von Helligkeitsschwankungen, wenn ein Planet vor seinem Stern vorbeizieht), die Radialgeschwindigkeitsmethode (Messung der Sternwackelbewegung aufgrund der Anziehungskraft des Planeten) und die direkte Bildgebung.
4. **Charakterisierung von Exoplaneten:**
   - Um festzustellen, ob ein Exoplanet in der bewohnbaren Zone liegt, müssen Forscher Informationen über seine Größe, Masse, Umlaufbahn und die Eigenschaften seiner Atmosphäre sammeln. Fortschritte in der Technologie ermöglichen es Wissenschaftlern, einige dieser Details zu bestimmen.
5. **Bedeutung für die Suche nach außerirdischem Leben:**
   - Die Identifizierung von Exoplaneten in der bewohnbaren Zone trägt wesentlich zur Suche nach außerirdischem Leben bei. Wenn Bedingungen wie auf der Erde vorliegen, könnten diese Planeten potenziell Lebensformen beherbergen.
6. **Herausforderungen und Limitationen:**
   - Es gibt Herausforderungen bei der genauen Charakterisierung von Exoplaneten, insbesondere kleiner Erde-ähnlicher Planeten. Technologische Fortschritte sind erforderlich, um diese Herausforderungen zu bewältigen und die Suche nach bewohnbaren Exoplaneten zu intensivieren.

Die Entdeckung von Exoplaneten und die Identifizierung bewohnbarer Zonen haben das Forschungsfeld der Astronomie revolutioniert und eröffnen faszinierende Perspektiven für die Suche nach Leben im Universum.

Thema 4: Mögliche Lösungen für das Fermi-Paradoxon

Das Fermi-Paradoxon bezieht sich auf die scheinbare Diskrepanz zwischen der hohen Wahrscheinlichkeit extraterrestrischen Lebens im Universum und der Tatsache, dass wir bisher keine klaren Beweise für die Existenz von außerirdischer Intelligenz gefunden haben. Thema 4 konzentriert sich auf verschiedene hypothetische Lösungen und Erklärungen für dieses Paradoxon:

1. **Die Drake-Gleichung als Ausgangspunkt:**
   - Die Drake-Gleichung versucht, die Anzahl der technologisch fortgeschrittenen Zivilisationen in unserer Galaxie zu schätzen. Thema 4 beginnt mit einer Überprüfung dieser Gleichung und ihrer Variablen, die Faktoren wie die Rate der Sternentstehung und die Wahrscheinlichkeit, dass ein Stern Planeten hat, berücksichtigt.
2. **SETI und Radiosignale:**
   - Die Suche nach außerirdischem Leben (SETI) hat sich auf den Empfang von Radiosignalen konzentriert, die von fortgeschrittenen Zivilisationen stammen könnten. Forscher haben intensiv nach außergewöhnlichen Radiosignalen gesucht, aber bisher ohne eindeutigen Erfolg.
3. **Exoplaneten und bewohnbare Zonen:**
   - Die Entdeckung von Exoplaneten, insbesondere solchen in der bewohnbaren Zone, könnte eine mögliche Erklärung für das Paradoxon liefern. Vielleicht sind erdähnliche Planeten seltener als angenommen, oder die Bedingungen für intelligentes Leben sind komplexer als gedacht.
4. **Frequenz von Katastrophen:**
   - Eine Hypothese besagt, dass Zivilisationen möglicherweise aufgrund von Naturkatastrophen, Umweltveränderungen oder Selbstzerstörung eine begrenzte Lebensdauer haben. Dies könnte erklären, warum wir keine lang anhaltenden Signale von außerirdischer Intelligenz empfangen.
5. **Außerirdische Lebensformen könnten anders sein:**
   - Eine alternative Überlegung ist, dass außerirdische Lebensformen möglicherweise so unterschiedlich von uns sind, dass wir ihre Anwesenheit nicht erkennen können. Möglicherweise kommunizieren sie auf eine Weise, die uns unbekannt ist, oder sie existieren in Formen, die wir nicht erfassen können.
6. **Begrenzte Beobachtungsfenster:**
   - Das Fermi-Paradoxon könnte durch die begrenzte Zeitspanne erklärt werden, in der wir nach außerirdischer Intelligenz suchen. Wenn Zivilisationen nur für kurze Zeit technologisch fortgeschritten sind, könnten wir ihre Signale möglicherweise leicht verpassen.
7. **Simulationstheorie:**
   - Eine spekulative Idee ist, dass wir uns möglicherweise in einer fortgeschrittenen Simulation befinden, erstellt von einer außerirdischer Zivilisation. In diesem Fall wäre die fehlende direkte Kontaktaufnahme Teil des Designs der Simulation.

Thema 5: Die Zukunft der Suche nach außerirdischem Leben

Thema 5 befasst sich mit den zukünftigen Aussichten und Entwicklungen in der Suche nach außerirdischem Leben. Hier werden verschiedene Technologien, Projekte und Ansätze diskutiert, die darauf abzielen, das Fermi-Paradoxon zu lösen und möglicherweise Hinweise auf extraterrestrisches Leben zu entdecken:

1. **Weiterentwicklung der Teleskope:**
   - Fortschritte in Teleskoptechnologien, insbesondere im Bereich der Weltraumteleskope, ermöglichen eine genauere Beobachtung von Exoplaneten und die Analyse ihrer Atmosphären. Zukünftige Teleskope könnten uns mehr Einblick in potenziell bewohnbare Welten geben.
2. **Exoplaneten-Missionen:**
   - Speziell konzipierte Raumsonden könnten zu bestimmten Exoplaneten reisen und detaillierte Untersuchungen durchführen. Missionen wie die Erforschung von Exoplaneten mit der Möglichkeit von Atmosphären und Wasservorkommen könnten wichtige Informationen liefern.
3. **Technologische Fortschritte in der Radiosignal-Analyse:**
   - Die Weiterentwicklung von Technologien zur Analyse von Radiosignalen aus dem Weltraum könnte dazu beitragen, außergewöhnliche Muster oder künstliche Signale von intelligenten Zivilisationen zu identifizieren.
4. **SETI-Projekte und Citizen Science:**
   - Die Suche nach außerirdischem Leben ist nicht nur Sache von professionellen Forschern. Citizen-Science-Initiativen und verteilte Rechenprojekte ermöglichen es Enthusiasten auf der ganzen Welt, aktiv an der Analyse von Radiosignalen teilzunehmen und nach ungewöhnlichen Mustern zu suchen.
5. **Erweiterung des Spektrums der Lebensformen:**
   - Zukünftige Forschung könnte sich darauf konzentrieren, unser Verständnis von möglichen Lebensformen zu erweitern. Der Fokus könnte von der Suche nach erdähnlichem Leben auf die Erkundung von extremen Umgebungen verlagert werden, in denen unkonventionelle Lebensformen existieren könnten.
6. **Interstellar Travel und Sonden:**
   - Konzepte wie interstellare Raumsonden könnten eine Möglichkeit bieten, ferne Sterne und ihre Planetensysteme genauer zu erforschen. Der technologische Fortschritt im Bereich der Raumfahrt könnte uns näher an die direkte Erkundung entfernter Welten bringen.
7. **Integration Künstlicher Intelligenz:**
   - Der Einsatz von Künstlicher Intelligenz in der Analyse großer Datenmengen könnte dazu beitragen, Muster zu identifizieren, die von menschlichen Forschern möglicherweise übersehen werden.

Kapitel 5: Schwarze Löcher und Singularitäten – Die ungeklärten Mysterien des Universums

Grundlagen der Schwarzen Löcher:

Schwarze Löcher sind faszinierende astrophysikalische Objekte, die durch den Kollaps von massiven Sternen entstehen. Hier sind einige grundlegende Aspekte, die die Essenz der Schwarzen Löcher ausmachen:

1. **Bildung von Schwarzen Löchern:** Schwarze Löcher entstehen, wenn ein massiver Stern am Ende seines Lebenszyklus kollabiert. Dieser Kollaps führt zu einem Punkt unendlich hoher Dichte, einer sogenannten Singularität. Der Bereich um die Singularität herum wird als Ereignishorizont bezeichnet.
2. **Ereignishorizont:** Der Ereignishorizont ist die unsichtbare Grenze um ein Schwarzes Loch, jenseits derer die Flucht vor der Gravitation des Schwarzen Lochs unmöglich ist. Innerhalb dieses Bereichs wird die Fluchtgeschwindigkeit größer als die Lichtgeschwindigkeit, wodurch Licht selbst eingefangen wird.
3. **Kategorien von Schwarzen Löchern:** Es gibt verschiedene Arten von Schwarzen Löchern, die auf ihrer Masse basieren. Primäre Kategorien sind:
   - **Stellare Schwarze Löcher:** Entstehen durch den Kollaps massiver Sterne und haben etwa das 3- bis 10-fache der Masse unserer Sonne.
   - **Mittelschwere Schwarze Löcher:** Mit Massen zwischen 100 und 1000 Sonnenmassen.
   - **Supermassive Schwarze Löcher:** Diese befinden sich im Zentrum von Galaxien und haben Millionen bis Milliarden Sonnenmassen.
4. **Kein Entkommen von Licht:** Die extreme Gravitation eines Schwarzen Lochs verursacht eine starke Krümmung des Raums um es herum. Selbst Licht kann dieser Anziehung nicht entkommen, weshalb Schwarze Löcher visuell "schwarz" erscheinen.
5. **Spaghettifikation:** Bei Annäherung an ein Schwarzes Loch wird ein Phänomen namens "Spaghettifikation" beobachtet. Die Gravitationskräfte strecken und ziehen Materie, einschließlich Sternen und Gaswolken, in lange, dünne Strukturen.

Die Grundlagen der Schwarzen Löcher stellen einen Schlüsselbereich in der modernen Astrophysik dar, der unser Verständnis von Raum, Zeit und Gravitation herausfordert.

Event Horizon Telescope und Schwarze-Loch-Fotografie:

Das Event Horizon Telescope (EHT) ist ein internationales Netzwerk von Radioteleskopen, das entwickelt wurde, um Bilder von Schwarzen Löchern zu erfassen, insbesondere ihres sogenannten "Ereignishorizonts". Hier sind die Schlüsselelemente der Schwarze-Loch-Fotografie durch das EHT:

1. **Zusammenschluss von Teleskopen:** Das EHT verwendet ein Netzwerk von Radioteleskopen auf der ganzen Welt. Diese Teleskope arbeiten zusammen und erzeugen einen virtuellen Teleskop so groß wie die Erde. Dies ermöglicht eine beeindruckende räumliche Auflösung.
2. **Beobachtung von Schwarzen Löchern:** Das Hauptziel des EHT ist die Beobachtung von Schwarzen Löchern, insbesondere ihres Ereignishorizonts. Der Ereignishorizont ist die Grenze, jenseits derer nichts dem Schwarzen Loch entkommen kann, nicht einmal Licht.
3. **Radiointerferometrie:** Das EHT verwendet Radiointerferometrie, eine Technik, bei der Radiowellen von verschiedenen Teleskopen kombiniert werden. Durch diese Kombination entsteht eine sehr hohe räumliche Auflösung, die es ermöglicht, feine Details in den von Schwarzen Löchern emittierten Radiostrahlen zu erfassen.
4. **Schwarze-Loch-Fotografie:** Im Jahr 2019 präsentierte das EHT das weltweit erste Bild eines Schwarzen Lochs im Zentrum der Galaxie M87. Das Bild zeigt den Schatten des Schwarzen Lochs, der durch die Verkrümmung des Lichts um den Ereignishorizont entsteht. Es ist eine bahnbrechende Leistung in der Astrophysik.
5. **Wichtige Erkenntnisse:** Die Schwarze-Loch-Fotografie durch das EHT hat nicht nur ein visuelles Bild eines Schwarzen Lochs geschaffen, sondern auch wichtige Erkenntnisse über die Masse, Rotation und physikalischen Eigenschaften von Schwarzen Löchern geliefert.

Die Schwarze-Loch-Fotografie durch das Event Horizon Telescope hat unser Verständnis von Schwarzen Löchern vertieft und ermöglicht es Wissenschaftlern, ihre Eigenschaften genauer zu studieren.

Die Singularität im Inneren eines Schwarzen Lochs:

Die Singularität ist ein zentrales Konzept in der Physik der Schwarzen Löcher und bezieht sich auf einen Punkt im Inneren eines Schwarzen Lochs, an dem die Gravitation ins Unendliche ansteigt und die üblichen physikalischen Gesetze nicht mehr gelten. Hier sind einige Aspekte, die die Singularität im Inneren eines Schwarzen Lochs charakterisieren:

1. **Punkt mit unendlicher Dichte:** Die Singularität ist ein Punkt mit unendlicher Dichte und Raumkrümmung. In diesem Punkt sind die physikalischen Zustände extrem, und die klassische Physik kann sie nicht mehr genau beschreiben.
2. **Koordinatensingularität:** Die Singularität ist eine Koordinatensingularität, was bedeutet, dass sie von den Koordinatensystemen abhängt, die zur Beschreibung des Raums verwendet werden. Dies zeigt die Schwierigkeit, diese extremen Bedingungen mit den herkömmlichen physikalischen Theorien zu behandeln.
3. **Unvereinbarkeit mit der Quantenphysik:** Die Singularität im Inneren eines Schwarzen Lochs steht im Widerspruch zu den Prinzipien der Quantenphysik, die auf sehr kleinen Skalen operieren. Die Vereinigung von Gravitation (als Beschreibung der Raumzeit) und Quantenphysik ist eine der offenen Fragen der modernen Physik.
4. **Ereignishorizont als Grenze:** Die Singularität liegt im Zentrum des Schwarzen Lochs, hinter dem sogenannten Ereignishorizont. Der Ereignishorizont ist die Grenze, jenseits derer nichts dem Schwarzen Loch entkommen kann. Ereignisse innerhalb des Ereignishorizonts haben keine Auswirkungen auf die äußere Welt.
5. **Mathematisches Konzept:** Die Singularität ist zunächst ein mathematisches Konzept, das durch die Gleichungen der Allgemeinen Relativitätstheorie vorhergesagt wird. Es ist jedoch unklar, ob die Singularität tatsächlich in der Natur existiert oder ob sie aufgrund der Unvollkommenheiten der Theorie vermieden wird.

Die Singularität im Inneren eines Schwarzen Lochs ist ein faszinierendes, aber auch herausforderndes Konzept. Sie spielt eine Schlüsselrolle in der Erforschung der extremen Bedingungen, die in der Nähe von Schwarzen Löchern existieren, und fordert uns heraus, unsere grundlegenden Annahmen über die Natur der Raumzeit zu überdenken.

Hawking-Strahlung und Schwarze-Loch-Information:

Die Hawking-Strahlung ist ein faszinierendes physikalisches Phänomen, das vom britischen Physiker Stephen Hawking im Jahr 1974 theoretisch vorhergesagt wurde. Es steht im Zusammenhang mit Schwarzen Löchern und hat wichtige Implikationen für die Frage der Informationserhaltung in der Physik. Hier sind die Grundlagen dieser beiden Konzepte:

1. **Hawking-Strahlung:**
   - Schwarze Löcher werden oft als Objekte beschrieben, die alles, einschließlich Licht, in sich hineinziehen und nichts entkommen lassen. Stephen Hawking zeigte jedoch, dass Schwarze Löcher nicht vollständig schwarz sind.
   - Aufgrund von Quantenfluktuationen in der Nähe des Ereignishorizonts können virtuelle Teilchen-Antiteilchen-Paare spontan entstehen. Ein Teilchen kann in das Schwarze Loch fallen, während das andere Teilchen nach außen entkommt.
   - Dieser Prozess führt dazu, dass Schwarze Löcher geringfügig Energie verlieren, und die abgestrahlte Energie wird als Hawking-Strahlung bezeichnet.
   - Hawking-Strahlung ist äußerst schwach und wird nur bei mikroskopisch kleinen Schwarzen Löchern relevant. Für typische Schwarze Löcher in unserer Galaxie ist die Hawking-Strahlung vernachlässigbar.
2. **Schwarze-Loch-Information:**
   - Ein tiefgreifendes Paradoxon in der Physik entsteht in Bezug auf die Information, die in ein Schwarzes Loch fällt. Klassische physikalische Gesetze besagen, dass Informationen nicht verloren gehen dürfen, aber Schwarze Löcher scheinen Informationen zu verschlucken und zu "vernichten".
   - Das Paradoxon wurde als "Information Paradox" bekannt, und es gibt keine klare Lösung innerhalb der klassischen Physik.
   - Hawking selbst postulierte, dass die Informationen, die in ein Schwarzes Loch fallen, in der Hawking-Strahlung kodiert sein könnten. Diese Idee hat jedoch zu weiteren Fragen und Debatten geführt.
3. **Schwarze Löcher und Quantenphysik:**
   - Das Paradoxon der Schwarzen-Loch-Information bleibt eine Herausforderung, die die Vereinigung der Gravitation (Allgemeine Relativitätstheorie) mit der Quantenphysik erfordert, eine bisher ungelöste Aufgabe in der theoretischen Physik.
   - Neue Theorien, wie die Stringtheorie, versuchen, diese Lücke zu schließen und ein einheitliches Verständnis von Schwarzen Löchern und der Quantenwelt zu schaffen.

Insgesamt stellen Hawking-Strahlung und das Schwarze-Loch-Information-Paradoxon faszinierende Bereiche der Forschung dar, die tiefe Einblicke in die fundamentalen Eigenschaften des Universums versprechen.

Schwarze Löcher in der Kosmologie:

Schwarze Löcher spielen in der Kosmologie eine entscheidende Rolle und beeinflussen die Struktur und Entwicklung des Universums auf verschiedene Weisen:

1. **Einfluss auf Galaxien:**
   - Schwarze Löcher, insbesondere supermassereiche Schwarze Löcher im Zentrum von Galaxien (wie das supermassereiche Schwarze Loch im Zentrum unserer Milchstraße, genannt Sagittarius A*), beeinflussen die umgebenden Sterne und das Gas.
   - Die Gravitationswirkung des Schwarzen Lochs kann die Bewegungen der umliegenden Sterne beeinflussen und sogar ganze Sternhaufen um das Zentrum einer Galaxie formen.
2. **Galaktische Entwicklung:**
   - Die Aktivität von Schwarzen Löchern, insbesondere wenn sie Materie verschlingen, führt zu intensiven Energieabgaben, einschließlich hochenergetischer Strahlung und Jets von Materie.
   - Diese Energieabgaben beeinflussen die Umgebung des Schwarzen Lochs und können die Entwicklung der Galaxie insgesamt beeinflussen.
3. **Kosmische Evolution:**
   - Durch die Untersuchung von Quasaren, die von supermassereichen Schwarzen Löchern in den Zentren weit entfernter Galaxien angetrieben werden, können Wissenschaftler Einblicke in die kosmische Entwicklung auf sehr großen Zeitskalen gewinnen.
   - Quasare sind extrem leuchtende Objekte, die auf aktive Phasen von Schwarzen Löchern in der Frühzeit des Universums hinweisen.
4. **Strukturbildung:**
   - Die Anwesenheit von Schwarzen Löchern spielt eine Rolle in kosmologischen Modellen zur Strukturbildung im Universum. Durch die Anziehung von Materie können Schwarze Löcher dazu beitragen, größere Strukturen wie Galaxienhaufen zu formen.
5. **Kosmologische Konstante:**
   - Schwarze Löcher beeinflussen die Dynamik des Universums und können dazu beitragen, die Ausdehnung des Universums zu verstehen, insbesondere im Kontext der kosmologischen Konstante in den Gleichungen der Allgemeinen Relativitätstheorie.
6. **Hinweise auf Dunkle Materie:**
   - Die Bewegungen von Sternen um das Zentrum von Galaxien, die durch das Vorhandensein unsichtbarer Masse erklärt werden müssen, könnten auf das Vorhandensein von Schwarzen Löchern und Dunkler Materie hinweisen.

Schlussbetrachtung: Auf der Suche nach den Geheimnissen des Universums

In unserem faszinierenden Streifzug durch die kosmischen Rätsel haben wir die Tiefen des Universums erkundet, von den fernen Galaxien bis zu den mikroskopischen Dimensionen der Quantenphysik. In diesem abschließenden Kapitel werfen wir einen Blick auf die essentiellen Erkenntnisse, die wir gewonnen haben, und auf die vielversprechenden Perspektiven, die die Zukunft für die Entschlüsselung der Geheimnisse des Universums bereithält.

Zusammenfassung der kosmischen Rätsel:

1. **Die Natur Dunkler Materie und Dunkler Energie:** Wir haben die Herausforderungen der Entschlüsselung der rätselhaften Dunklen Materie und Dunklen Energie erkundet, die den Großteil unseres Universums ausmachen, aber dennoch unseren Sinnen entgehen.
2. **Die Ursprünge des Universums:** Der Ursprung des Universums bleibt ein faszinierendes Mysterium. Modelle vom Urknall bis zu zyklischen Theorien bieten Einblicke, aber viele Fragen nach dem "Warum" und dem "Wie" bleiben unbeantwortet.
3. **Die Struktur und Entwicklung des Kosmos:** Von Galaxienclustern bis zum kosmischen Web haben wir die Struktur und Entwicklung des Universums erkundet. Dunkle Materie spielt dabei eine entscheidende Rolle in der Formgebung der kosmischen Landschaft.
4. **Kosmische Phänomene:** Schnelle Radioausbrüche, Dunkle Flüsse und andere exotische Phänomene fordern unsere gegenwärtigen Modelle heraus und werfen Fragen nach ihrer Natur und Ursprung auf.
5. **Die Zukunft des Universums:** Verschiedene Szenarien, von einem "Big Freeze" bis zu zyklischen Modellen, bieten unterschiedliche Perspektiven auf die Zukunft des Universums. Die Quantenphysik und die Rolle Dunkler Energie eröffnen dabei aufregende Möglichkeiten.

Ausblick auf weiterführende Fragen und Entdeckungen:

Die Reise durch die kosmischen Rätsel markiert nicht das Ende, sondern den Anfang einer fortwährenden Entdeckungsreise. Die folgenden Fragen und Aussichten zeigen, dass die Suche nach Wissen und Verständnis im Universum niemals abgeschlossen ist:

1. **Die wahre Natur von Dunkler Materie und Dunkler Energie:** Fortschritte in Beobachtungstechnologien und Teilchenphysik könnten dazu beitragen, das Geheimnis der unsichtbaren Bestandteile des Universums zu lüften.
2. **Die Ursprünge des Universums und die "Theorie von Allem":** Die Suche nach einer einheitlichen Theorie, die Gravitation und Quantenmechanik vereint, bleibt eine grundlegende Herausforderung. Neue theoretische Ansätze und Experimente könnten den Weg zu bahnbrechenden Entdeckungen ebnen.
3. **Die Erforschung exotischer Phänomene:** Unbekannte Phänomene und Beobachtungen erfordern innovative Ansätze und Technologien. Neue Instrumente und internationale Zusammenarbeit könnten uns helfen, diese kosmischen Mysterien zu entwirren.
4. **Die Grenzen der Beobachtungsfähigkeiten überwinden:** Zukünftige Weltraummissionen, fortschrittliche Teleskope und Technologien könnten uns ermöglichen, bisher unerforschte Bereiche des Universums zu erkunden und Einblicke in bisher unentdeckte Phänomene zu gewinnen.

In der unendlichen Weite des Kosmos gibt es immer mehr zu entdecken und zu verstehen. Die Rätsel, die vor uns liegen, regen die Vorstellungskraft an und laden Forscherinnen und Forscher dazu ein, weiterhin nach Antworten zu suchen. Unsere Reise durch die Geheimnisse des Universums ist eine Reise ohne Ende, eine Reise, die uns immer tiefer in die Wunder und Mysterien des Kosmos führt.

Liebe Leserinnen und Leser,

Die Reise durch die Seiten dieses eBooks war eine faszinierende Entdeckung der Geheimnisse, die das Universum umgeben. Von den fernen Galaxien bis zu den kleinsten Bausteinen der Materie haben wir gemeinsam die Rätsel des Kosmos erkundet.

Die Schönheit des Unbekannten liegt darin, dass es immer Raum für weitere Entdeckungen gibt. In den Sternen, den Dunklen Reichen des Universums und den tiefen Weiten der kosmischen Zeit verbergen sich weiterhin Mysterien, die darauf warten, gelüftet zu werden.

Möge diese Reise Ihre Neugier entfacht und Ihre Vorstellungskraft beflügelt haben. Die Wissenschaft, mit ihrem ständigen Drang nach Wissen, wird uns weiterhin auf faszinierende Expeditionen durch das Universum führen. Die Sterne mögen unerreichbar scheinen, aber die Erkenntnis, dass wir Teil dieses großen Kosmos sind, ist eine Quelle der Inspiration.

Vielen Dank, dass Sie sich auf diese Reise durch die kosmischen Rätsel eingelassen haben. Möge Ihre eigene Entdeckungsreise im Universum niemals enden.

Mit den besten Wünschen für Ihre weiteren Abenteuer,